다이어트 체온이 답이다

영양학에 기초한 최강의 건강 플랜

다이어트 체온이 답이다

이창우 지음

모아북스
MOABOOKS

머리말

왜 체온이 중요한가?

암은 오랫동안 우리나라 사망 원인 1위의 질병이다. 해마다 15만여 명이 암에 걸리고, 6만여 명이 암으로 사망한다. 내 어머니도 위암으로 돌아가셨다.

어머니와 같은 식생활 환경에서 자란 나는 주기적으로 종합건강검진을 하고 나름대로 운동도 열심히 하는 등 건강을 돌보는 데 몹시 정성을 들였다. 자연히 건강에 관한 관심과 공부가 깊어지면서 현대 의학이 제시한 '치료' 의 한계를 알게 되고, 그 한계를 극복할 '치유' 의 방법을 발견하게 되었다. 제아무리 탁월한 방법이라도 큰 비용이 든다면 서민에게는 그림의 떡일 수밖에 없지만, 다행히도 그리 큰 비용 부담이 없는 방법이다.

부자든 부자가 아니든, 이미 질병에 걸린 사람이든 질병을 예방하고 싶은 사람이든 누구라도 여기 소개한 방법만 실천하면 한계가 뚜렷한 현대 의학의 대증요법에 의존하지 않고도 건강하고 행복한 삶을 살기 위해 이 책을 쓰게 되었다.

나는 예순의 환갑 나이인데도 이 책에서 소개한 '공복과 근육 온도를 올리는 방법' 을 실천해온 결과 맑고 매끈한 피부를 유지하고 있으며, 일주일에 각 2시간씩 세 차례의 축구 시합(일요일 조기축구, 화요일 야간 클럽 축구, 토요 축구)을 소화하고 있다. 그러니 혈관 나이와 근육 나이가 40대 못지않게 젊다.

2018년, 나는 미국에서 식품학 연수를 받고 돌아오면서 도입한 수입 제품으로 다이어트 사업을 시작했다. 우유나 물에 타서 식사 대용으로 섭취하는 분말 쉐이크 타입의 다이어트 제품이었다. 그러나 종류도 많은데다가 한국에서는 시기상조였는지 판매가 부진하여 결국 회사가 한국에서 철수해버렸다. 이 실패는 내게 적잖은 상처를 남겼다. 그때 이미 50대 후반에 들어선 나이였다. 가장으로서 무슨 일을 해서든 두 딸아이의 대학 등록금과 생활비를 책임져야 했다. 어떻게 하면 실패를 딛고 크게 일어설 수 있을까, 온갖 궁리를 하고 고심하는 나날이 이어졌다.

그러던 어느 날, 차처럼 마시며 다이어트를 하는 미네랄 농축액에 가까운 제품을 알게 되었다. 이 해독 차를 활용한 비만 클리닉으로 얼마간 돈도 벌고 자리를 잡았지만, 요요가 와서 다시 살이 찐다는 사실이 알려지면서 매출이 급감한 끝에 다시 실패하고 말았다.

그런데도 꺾이지 않는 정신으로 연구를 거듭하는 중에 또 다른 제품을 알게 되었다. 마늘과 고추, 마카 등이 함유된 이 제품은 애초에 남성의 발기부전과 전립선 해결을 위한 목적으로 나온 터라서 처음에는 다이어트 효능을 별로 기대하지 않았다. 그런데 앞서 실패한 해독 차를 이 제품과 결합했더니 놀라운 시너지 효과로 다이어트에 특효를 보여 국내는 물론 세계 시장도 휩쓸 수 있겠다는 확신이 들었다. 이른바 '해독 다이어트' 다.

실제로 2년에 걸쳐 수백 명의 임상을 거친 결과 이 해독 다이어트에서는 요요가 거의 나타나지 않았다. 간과 위장이 온도가 떨어지지 않으니 체지방 분해효소를 계속 생성해주고, 대장과 신장의 해독 배출 기능이 활발하니 다시 살이 찔 일이 없어진 것이다. 사소해 보이는 이 발견 하나로 나는 수십 년 난제를 해결한 것이다.

우리 몸의 장기 중에서 심장은 유일하게 암이 없는 장기다. 심장 온도는 40도가 넘어서면 암이 생존할 수 없기 때문이다. 건강해 보이던 인기 연예인이나 스포츠 스타 등 유명 인사들이 50세 넘어 비슷한 연령대에 암으로 사망하는 뉴스를 접하곤 하는데, 50세가 넘으면 저체온으로 가기가 쉽기 때문이다. 그 연령대에서 암에 걸려 깊은 산속으로 들어가 '자연인' 으로 살면서 말기 암까지 치유하는 사람도 있다. 물론 물 좋고 공기 맑은 데 사는 덕도 있겠지만 틀림없이 더덕, 도라지, 잔대, 칡뿌리, 버섯과 같은 몸을 따듯하게 하는 음식을 매일 충분히 섭취할뿐더러 장작을 패거나 약초를 캐러 다니는 왕성한 신체 활동으로 체온을 올린 것이 주효한 것이다.

특히 여성은 생리학적 특성상 암의 종류가 더 많아 세심한 관리가 필요한데, 여성에게 일평생 체온을 높여주는 장작불 역할을 해온 에스트로겐 호르몬이 폐경과 동시에 거의 나오지 않게 된다. 그러면 저체온증에 걸리기 쉬워서 그만큼 암에 더욱 광범위하게 노출될 수 있다. **이처럼 암은 저체온증과 밀접한 연관이 있다**는 걸 알 수 있다.

또 밤낮이 따로 없는 현대인은 밤에도 환하게 불을 켜고 일을 하느라 잠을 자지 않는다. 그러면 신체를 쉬게 하고 에너지 비축을 담당하는 부교감 신경이 활성화되지 못해 교감 신경이 지속함으로써 신경과민, 공황장애, 불면증이 생기고 면역력이 크게 떨어지면서 자연치유력을 상실하게 된다. 이렇게 우리 몸의 대사를 조절하는 항상성이 무너지고 여기에 과식까지 하게 되면 장기들은 아우성이다. 온갖 화학첨가물이 든 가공식품과 밀가루 같은 찬 음식이 입으로 들어와 체온을 떨어뜨린다. 게다가 밀가루의 주성분인 글루텐은 소화를 어렵게까지 한다.

결론은 다른 게 아니다. **건강하게 장수를 누리고 싶다면, 심장이 펌프질하는 뜨거운 피가 동맥을 통해 막히지 않고 발가락 끝까지 갈 수 있도록 혈관 고속도로를 활짝 열어두어야 한다.** 그러려면 비만을 부르는 중성지방, 내장지방, 피하지방이 내 몸에 살림을 차리도록 둬서는 안 된다. 비만 세포도 찬 성질이어서 비만 여성이 유방암에 걸릴 확률이 더 높다.

그러니 성장판이 닫힌 나이라면 일단 소식, 즉 적게 먹는 것이 좋다. 나는 일체의 간식을 끊은 데다가 1일 2식 중 1식은 작은 감자 1개, 달걀 1개만 먹는다. 우선, TV만 틀면 어디서고 나오는 먹방과 맛집 소개 프로그램부터 딱 끊자. 부탁이다.

우리 몸에서 열을 제일 많이 만드는 기관은 근육이다. 그러니 자가용 출퇴근으로 소중한 근육을 퇴화시키지 말고 대중교통을 이용하자. 자전거를 타고 다니면 더 좋고, 아주 먼 거리가 아닌 경우 걸어다닌다면 더더욱 좋다. **근육을 움직여 내는 열은 위, 간, 대장, 신장, 췌장 등으로 전달되어 온도를 높임으로써 암을 예방한다.**

정 바쁘거나 사정이 여의치 않아서 근육 운동을 충분히 할 수 없다면, 우선 식생활이라도 바꾸기 바란다. 얼음물은 물론이고 오이, 메밀, 밀가루 같은 찬 성질의 음식은 피하고 보자. 그 대신 고추, 마늘, 부추와 같은 따듯한 성질의 음식을 꾸준히 섭취하여 적정 체온을 유지하기 바란다.

2023년 새해 아침에 이창우

차 례

머리말 8
왜 체온이 중요한가?

1장 산속에 사는 자연인과 일반인, 왜 건강법이 다를까?

1. 자연인의 건강 관리 비결 18
2. 자연인의 식생활과 생활 방식 24

2장 건강 관리를 위해 시작하는 다이어트에 관한 흔한 오해

1. 잘못된 의학 정보가 넘치는 다이어트에 대한 문제점 38
2. 잘못된 다이어트에 대해 몰랐던 7가지 거짓말 45

3장 모두가 다이어트에 실패했던 이유

1. 비만은 질병이다 52

2. 비만은 당신의 잘못이 아니다 55

4장 비만 해결을 위한 최고의 플랜

1. 혈관 관리가 우선 64
2. 몸속의 독소 제거 68
3. 체온 유지 84

5장 몸을 따듯하게 하고 체내 독소를 없애는 성분은 무엇이 있는가?

1. 체온 유지와 해독 작용에 탁월한 성분 92
2. 최고의 다이어트는 제대로 섭취해야 한다 100

6장 건강을 되찾은 사람들

1. 섭취 과정에서 일어나는 호전반응 104
2. 내 몸이 달라졌어요! 107
3. 뒤늦게 되찾은 젊음 109
4. 총체적인 몸의 변화, 놀랍고도 신기한 체험 111
5. 다이어트를 넘어 종합건강 지킴이 113
6. 다시 찾은 행복 114
7. 종합병동인 내 몸에 일어난 기적 115

8. 요요 현상은 이제 안녕! 117
9. 뒤늦게 깨달은 배설의 소중함 118
10. 문제는 체온, 해결도 체온 119
11. 마치 회춘하는 기분 120
12. 아침이 즐거워지는 행복 122
13. 파킨슨병에서 살아나온 감격 123
14. 기적에 더해 보너스까지 탄 기분 125

전국 지점 및 구매처 126
참고도서 및 언론자료 128

1장

산속에 사는 자연인과 일반인, 왜 건강법이 다를까?

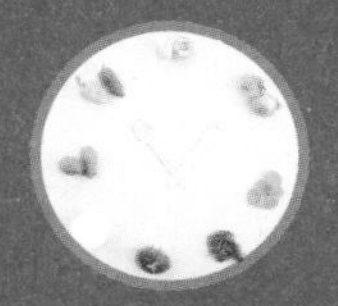

제아무리 지식과 정보가 넘친다 해도 그 너머의 지혜로까지
나아가지 못하면, 그 의료지식이 건강을 회복하는 데 오히려
치명적 걸림돌로 작용할 수 있다.
무엇보다 현대 의학의 지식이 미치지 못하는 암과 같은 난치병에는
더욱 건강 관리의 지혜가 필요하다.

1. 자연인의 건강 관리 비결

산에서 다시 살아난 자연인

"제 남편은 집에만 오면 TV부터 켜고 〈나는 자연인이다〉만 봐요."

아내들의 푸념에서도 알 수 있듯이, 10년 전에 시작된 〈나는 자연인이다〉는 해당 방송국의 최장수 프로그램으로 변함없는 인기를 누리고 있다.

깊은 산속이나 외딴 섬의 자연 속에 사는 사람들의 소소한 일상을 보여주는 이 프로그램이 왜 이렇게 높은 인기를 끄는 걸까?

자연인으로 살기 전 파란만장한 삶이 주는 울림이 크기 때문이기도 하다. 다 기막히고 기구한 사연을 지닌 주인공들이다. 그저 자연을 동경해서 산속으로 들어온, 팔자 좋은 사람은 거의 없다. 삶의 막다른 벼랑까지 몰린 끝에 건강을 해쳐 죽음의 문턱에서 가까스로 길을 찾아 들어온 사람들이다. 무엇보다도 시청자의 관심을 사로잡은 키워드는 바로 '건강' 이다.

대도시 큰 병원의 내로라하는 의사들도 치료를 포기한 불치병이나 난치병으로 망가진 몸을 겨우 붙들고 자연으로 들어온 사람이 대부분이다. 시한부 인생을 선고받은 사람들이 자연 속에서 자연의 방식으로 몇 년 사는 동안 몸이 자연히 치유되어 건강을 되찾은 모습을 보면서 사람들은 〈나는 자연인이다〉에 열광했지 않나 싶다.

뇌경색으로 쓰러져 노동력을 상실한 가장도 웃음과 운동을 치료제 삼아 자연인으로 살면서 건강을 회복하고, 간경화로 고통받던 중증 환자도 자연 속에서 야생 도라지로 병을 치유하고, 사업 확장 욕심에 건강을 망친 끝에 지리산 산속에 들어가 고질병을 치유한 자연인은 불치병을 앓는 다른 환자들의 치유까지 돕고 있다.

깊은 산속에 사는 자연인이 건강의 관점에서 보았을 때 일반인과 크게 다른 점은 생활하는 환경도 있겠지만, 무엇보다 먹고 마시는 음식과 음료에 있지 않을까 싶다. **한마디로 어떤 인공 식품 첨가물도 들어가지 않은 자연식을 하는 것이다.** 그 자연식에는 소화를 돕고 장 건강을 지키는 천연발효 식품도 포함된다. 게다가 하루 내내 밭일을 하든 산나물을 채취하든 장작을 패든 집을 고치든 일을 하면서 몸을 움직이니 소화불량에 걸릴 일도 없다.

가령, 소백산 깊은 산골에 사는 어떤 자연인은 (거의 모든 자연이 그렇겠지만, 해산물을 제외한) 섭취하는 거의 모든 음식을 직접 재배하거나 자연에서 채취한다. 그는 아침에 일어나 저녁에 잠들기 전까지 대개 무엇을 먹을까?

이거 알아요! **어느 자연인의 먹을거리**

직접 담근 된장으로 된장국을 끓여 먹는데, 물은 집 앞의 우물에서 길어다 쓴다. 된장국에는 손수 기른 온갖 채소랑 자연에서 채취한 버섯, 나물 같은 것이 푸짐하게 들어간다. 무, 배추, 마늘, 가지, 호박, 파, 삼채, 부추, 엉겅퀴, 가지, 갓, 한채, 치커리, 미나리, 표고버섯, 석이버섯 같은 것들이다. 이 가운데는 고유의 향을 살려 나물로 무쳐 먹는 것도 있다. 밥은 현미에 고구마를 넣고 짓는다. 달걀도 넓은 방사장에서 풀을 먹여 직접 기르고 있는 닭들이 낳은 무항생제 유정란을 섭취한다. 후식으로는 직접 기른 방울토마토나 볶은 호박씨를 먹는다. 아침 공복에는 천연으로 키운 사과를 하나 먹고, 황국으로 차를 끓여 두고 틈틈이 한 잔씩 마신다.

이렇게 자연에서 살면서 자연이 주는 식재료로 자연식을 하는 것이 '자연치유' 의 기본이자 핵심이다. 이런 자연치유의 효과에 매료되어 산으로 들어간 의사가 있다.

잘 나가던 의사가 대증적인 치료에 특화된 현대 서양의학의 한계를 느끼고 근본적인 치료법, 즉 치유의 방법을 찾기 위해 산으로 들어가 화제가 된 것이다. 그 의사 역시 현대 서양의학으로는 속수무책인 난치병이나 불치병에 대한 답을 자연치유에서 찾고자 한 것이다.

동서양을 막론하고 자연치유는 그 역사가 오래되었다. 하지만 그것은 엄청나게 빠른 치료 효과를 자랑하는 서양 현대의학의 기세에 눌려 비과학적인 민간요법으로나 취급되고, 잘해봐야 보조의학 정도로밖에 쳐주지 않았다. 하지만 특히 암과 같은 난치병에서 현대 서양 의학의 한계가 더욱 뚜렷해지는 가운데 **자연치유의 진면모가 속속 밝혀지면서 과학의 지위를 업은 당당한 대체의학으로서 현대 의학의 한 축을 담당하게 되었다.** 그 의사가 산으로 들어간 까닭이다.

자연치유는 우리 몸 전체의 건강에 관여하지만, 서양 의학은 당면한 질병 하나만을 들여다보고 상대하도록 발전해왔다. 바로 그 때문에 현대 의학이 한계에 봉착한 것이고, 특히 암과 같은 난치병 앞에서는 '과학' 이라는 이름이 무색하도록 무기력해진 것이다.

다양한 난치병이 현대인을 괴롭히는 가운데 암은 더 이상 불치병이 아니다. 그런데 왜 암은 그토록 완치가 어려운 걸까?

이거 알아요!

암의 완치가 어려운 이유?

암세포는 99.9%가 죽어도 0.1%가 살아남아 다시 번성한다. 암에 걸린 세포가 1g만 되어도 암세포 수는 10억 개에 이른다. 그러니 99.9%가 죽고 0.1%만 살아남아도 그 숫자가 100만 개나 된다. 암을 유발하는 근원세포는 강력한 항암제에도 잘 죽지 않아서 지금까지의 항암제로는 암을 완전히 퇴치할 수 없는 현실이다.

사정이 이렇다 보니, 현대 서양 의학은 병증을 치료하는 데 '과학' 의 이름으로 더욱 공격적인 방법을 찾는다. 화학 약물과 외과 수술만을 들이댄 나머지 우리 몸이 스스로 재생하려는 힘, 즉 자연치유력을 떨어뜨려 병증을 더 악화시키는 경우가 잦아지고 있다. 국부적인 병증에만 집착하여 사람을 사망하게 하는 어리석음을 저지르는 것이다. 가령, 강력한 항암제의 장기 처방으로 암세포는 줄였는데, 정작 환자가 사망한다든지 하는 결과를 초래하고 만다.

산으로 들어간 그 의사는 자연치유의 방법으로 현대 의학이 포기한 많은 중증 환자들의 건강을 되찾아주고 있다. 유방암 3기로 부분절제술을 받은 환자, 폐암 말기의 노년 남성, 수차례의 항암치료를 받고 죽음의 문턱까지 간 환자 등 많은 사람이 자연치유의 '기적' 을 경험하고 있다. 사람들은 자연치유를 '기적' 으로 표현하지만, 실은 우리 몸의 건강 체계를 이해한다면 현대 의학을 능가하는 과학적인 치유 방법임을 알 수 있다.

우리 몸에는 생물학적인 조직의 모든 단계에 자가 진단, 자가 회복, 재생의 메커니즘이 있어서 필요하면 언제든지 작동할 준비가 되어 있다.

가장 흔한 예를 들자면 감기다. 일단 감기가 들면 감기 바이러스를 죽여서 감기를 낫게 하는 약은 없다. 감기 바이러스는 반드시 일정 기간이 지나야 사멸하기 때문이다. 그러니 다만 그 감기를 충분히 이겨낼 수 있도록 푹 쉬고 잘 먹는 것이 최고의 대처법이다. 해열제나 기침 억제제 같은 약물은 감기 증상을 잠시 가라앉혀 고통을 완화할 뿐이지 감기를 낫게 하지는 못한다. 감기에 걸렸을 때 열이 나고 콧물이 흐르는 증상은 감기가 나아가는 자연치유의 과정이다.

현대 의학이 대증 요법에 매달려 지금의 한계를 극복하지 못하는 한, 앞으로 산으로 들어가는 의사가 더 많아질 것 같다.

2. 자연인의 식생활과 생활 방식

무병장수의 비결, 치유의 삶

'지식' 과 '지혜' 가 다른 개념이듯이 '치료' 와 '치유' 도 근본부터 다른 개념이다. 현대 서양 의학은 엄청난 지식을 동원하여 치료에 골몰하지만, 정작 암 같은 난치병 환자에게 필요한 것은 치료가 아니라 치유다. **치유는 지식이 아니라 지혜에서 비롯한다.** 현대 의료 시스템에 갇힌 오늘날의 병원에서는 '치유' 없는 '치료' 과잉이 문제가 되고 있다. 의료에 지식만 넘쳐나고, 지식 너머를 보는 지혜는 없는 것이다.

제아무리 지식이 넘친다 해도 그 너머의 지혜로까지 나아가지 못하면, 그 지식이 건강을 회복하는 데 오히려 치명적 걸림돌로 작용할 수 있다. 무엇보다 현대 의학의 지식이 미치지 못하는 암과 같은 난치병에는 더욱 치유의 지혜가 필요하다. 물론 치료가 필요 없다는 얘기는 아니다. 치료는 기본이되, 치료 너머의 치유로까지 나아가는 지혜가 필요하다는 얘기다.

반드시 중병이 아니라도, 가령 피부에 증상이 나타나는 아토피만 해도 피부에 약만 발라서는, 즉 염증이나 가려움증만 다스리려 해서는 완치할 수가 없다. 아토피의 원인은 공해에 노출되어 면역력에 문제가 생긴 경우거나 먹는 음식이 문제인 경우가 대부분이기 때문이다. 따라서 몸을 치유하지 않고서는 나을 수 없는 질환이 아토피다. 약을 먹거나 바르는 처방은 잠시 가려움증을 완화해줄 뿐 전혀 병을 낫게 하지는 못한다. 감기, 고혈압, 당뇨, 고지혈증, 심혈관 질환 같은 질병도 마찬가지다.

세계적인 장수마을의 장수 비결을 추적해보면 공통점은 일상 자체가 치유의 삶이라는 점이다. 먹는 것부터 시작해 인간관계까지 삶의 모든 방식이 치유로 연결되어 있다. 그러니까 **무병장수의 비결은 한마디로 자연치유력을 유지하는 생활 방식에 있다**고 할 수 있다.

이거 알아요!

자연식이 필요한 이유

하루가 다르게 의학이 발전하여 난치병들도 점차 치료의 길이 더 넓게 열리고 있지만, 반대로 예전에는 없던 질환이 새로 생겨나거나 사라졌던 질환이 다시 나타나기도 한다. 당뇨만 해도 예전에는 어쩌다 걸리는 드문 병이었지만, 지금은 흔한 병이 되었다.

의학이 아무리 발전해도 모든 질병을 다스리지는 못한다. 특히 우리나라는 항생제의 심각한 오·남용으로 인해 아무리 강한 항생제를 써도 약이 듣지 않는 질병이 많아지고 있다. 면역력, 즉 자연치유력을 보존하고 키우는 대신 손쉽게 항생제에 의존해온 의료 관행이 오히려 의료 기술을 무력화하고 우리 몸의 건강을 망쳐온 것이다.

우리 몸에는 망가진 몸을 스스로 치유하는 위대한 의사가 있다. 바로 자연치유력이다. 예전과는 비교할 수 없을 만큼 생활이 편리해지고 맛있는 음식이 풍족한데도 질병으로 고통받는 사람이 많아진 것은 자연치유력이 망가졌기 때문이다.

건강할 때 미리 자연치유력을 키우면 세균이나 바이러스가 침투해도 질병에 걸리지 않는다. 이미 질병에 노출되었더라도 서양의학이든 한의학이든 병원과 약국에만 의존할 것이 아니라 스스로 자연치유력을 회복하는 방법에 관심을 가져야 한다.

망가진 자연치유력을 회복하는 데는 맑은 공기와 햇빛도 필요하고, 적당한 운동도 해야 하지만, 무엇보다 밥상을 바꾸는 일이 중요하다. 현대 의학의 시조인 히포크라테스도 "음식으로 못 고치는 질병은 의사라도 고치지 못한다"고 했다. **제대로 된 건강한 음식을 먹어야 우리 몸도 건강을 지키고 질병도 치료할 수 있다.**

주민 3명 중 1명이 90대까지 산다는 그리스 이카리아 섬마을에는 치매나 만성 질환자가 거의 없다. 공동체 중심의 문화 활동, 저열량의 식단, 신선한 포도주 한 잔, 깨끗한 공기와 따뜻한 바람 등 좋은 기후 조건과 자연환경 등이 비결이지만, 그중에서도 가장 중요한 것은 자연식을 한다는 것이다.

문제는 먹는 것에 있다

“기적을 일으키는 것은 의사가 아니라 환자다.”

의사는 병을 치료하기만 하지만, 몸을 치유하는 것은 바로 환자 자신이기 때문이다. 제아무리 뛰어난 의술을 자랑하는 명의일지라도 병의 근본 원인은 알기 어려우므로, 병의 뿌리를 뽑아 완치하는 기적을 기대하기는 어렵다. 그런 기적은 자신의 내면을 들여다볼 수 있는 환자 자신만이 일으킬 수 있다.

국부에 나타나는 병증은 건강 체계에 이상이 생겼다고 몸이 보내는 신호다. 현대인은 잘못된 생활 습관, 지나친 업무로 인한 과로, 복잡한 인간관계나 실적 압박에 따른 스트레스 등으로 심신의 균형이 무너지는 열악한 환경과 조건에 노출되어 있다.

우리 몸의 어디 한 군데가 아프다는 것은 몸이 도저히 견딜 수 없어서 ‘제발 살려달라’ 고 보내는 간절한 메시지다. 이 메시지를 대수롭지 않게 여기면 돌이킬 수 없도록 건강을 해치게 된다.

한 여성은 만성 방광염으로 병원을 찾았다. 내과에 가서 항생제를 처방받아 먹고 좀 낫는가 싶으면, 이제는 질염이 생겨서 산부인과에 가서 또 항생제를 처방받아 먹거나 질 정제를 넣어 치료했다. 그러다가 또 좀 낫는가 싶으면, 방광염이 재발하여 항생제를 먹는 악순환이 계속되었다. 이러는 동안 몸 전체의 건강이 현저히 나빠졌다. 갈수록 항생제도 듣지 않게 되고 과민성 방광염 증상은 더욱 심해졌다. 급기야 요실금 증상까지 겪게 되었다.

이런 만성 염증은 우리 몸의 면역체계가 제대로 기능하지 못해서 생기는 병증이므로, 면역체계의 균형을 회복하는 일이 급선무다. 항생제로 염증을 완화하는 것은 임시 방편으로 일시적인 대증요법에 불과할 뿐 오히려 항생제의 남용으로 면역체계를 망가뜨릴 뿐이다.

이거 알아요! 자연치유에 관한 세계적인 연구

미국의 의학자이자 식물학자인 티모시 브랜틀리 박사는 지난 수십년간 자연치유에 관한 연구에 몰두해왔다. 그는 식습관 조절 및 식이요법으로 당뇨와 같은 생활 습관병과 암과 같은 난치병을 앓는 수천 명의 건강을 되찾아줌으로써 자신의 자연치유 이론을 증명해왔다. 그는 일찍이 자연의 위대한 힘에 깊이 공감하고 자연치유에 관심을 쏟았는데, 부모를 병으로 잃으면서 우리 몸이 어떻게 하면 최적의 건강 상태를 유지하여 질병을 예방할 수 있을까 하는 연구에 더욱 몰두했다.

그는 현대 의학의 치료 방식에 의문을 제기하면서 자연치유의 필요성을 역설한다.

"병원 의사들은 환자의 질병 증상을 억제하거나 제거하지 못하면 마치 그 질병을 수수께끼인 양 말하면서 더욱 강력한 약물로 증세를 무리하게 다스리려 한다. 그러고는 고통받는 환자에게 맞지도 않는 조언을 하면서 '치료법을 찾고 있다' 는 말로 환자를 안심시킨다. 그러나 나는 참다운 건강은 자연만이 회복시켜 준다고 확신한다. 인간이 만든 음식이나 화학약품은 자연의 힘에 견줄 수 없다. 자연만이 인간의 몸에 필요한 진정한 치유 요소와 효과를 제공할 수 있다."

브랜틀리 박사의 환자 명단에는 할리우드 스타, 슈퍼모델, 정 · 재계 명사 등 유명인을 포함한 많은 사람이 올라 있다. 그의 자연치유는 사람들에게 명쾌한 해결책을 제시하는데, 사람들이 좀 더 쉽게 자연치유의 효과를 볼 수 있도록 계속 노력하고 있다. 그의 이런 노력은 실제로 갈수록 많은 난치병 환자를 치유하고 있어서 폭발적인 인기를 끌고 있다.

"이제부터는 우리 모두 인간에 의해 훼손되지 않은 자연 그대로의 완벽한 음식을 섭취해야 한다. 내 목표는 우리 몸의 건강에 문제를 일으키는 근본 원인과 방식 그리고 그 해결책을 이해시키는 것이다."

영양소의 중요성과 체온 유지가 관건

자연에서 나온 것을 인위로 가공하지 않고 천연 성분을 그대로 살려 섭취하는 것이 중요하다. 그런데 그렇게 먹으려고 노력하고, 매끼 왕성한 식욕으로 **이것저것 잘 먹는데도 영양실조에 걸린 현대인이 적지 않다는 충격적인 조사 결과가 발표되었다. 왜 그럴까?**

먹는 방법이 잘못되었거나 영양소가 소실되어 열량만 높은 음식을 잔뜩 먹었기 때문이다. 천연 재료에 들어 있는 영양소 중에는 그대로 먹으면 우리 몸이 흡수할 수 없는 영양소가 많다. 잘게 갈아서 먹거나 말려서 먹거나 익혀서 먹는 등 우리 몸이 각각의 영양소를 흡수하기 쉬운 형태로 먹어야 한다. 또 무엇보다 섭취 과정에서 영양소가 유실되지 않도록 유의해야 한다.

조사에 따르면 우리가 먹는 음식은 소화기관으로 흡수될 즈음에는 이미 영양소의 80% 이상이 유실된 상태라고 한다. 운반과 보관 그리고 조리 과정에서 식재료가 가진 천연 영양소의 대부분이 파괴되는 것이다. 게다가 그나마 남은 영양소도 온전히 흡수되지 못하고 배설물로 낭비되고 만다. 그러니 풍요 속의 빈곤, 비만 가운데 영양실조가 생기는 것이다.

그러므로 **아무리 영양소가 풍부한 식재료라도 각기 특성에 적합한 상태, 즉 영양소를 보존하기 좋고 우리 몸이 흡수하기 좋은 형태로 요리하여 먹지 않으면 소용이 없다.**

우리 몸의 소화액이 가장 활발하게 작용하는 시간은 오전 7~11시이며, 잠을 충분히 자고 나서 허기를 면할 정도로 먹으면 좋다. 이때 과식은 좋지 않으며, 잠에서 깬 즉시 레몬수를 마시고 30분 후에 과일을 조금 먹는 것이 좋다. 항산화 작용이 뛰어나고 체내로 당분을 서서히 주입해주는 과일로는 딸기, 사과, 포도, 복숭아, 배, 자두, 망고, 오렌지 등이 있다.

이런 식습관은 무엇보다 우리 몸을 해독시킨다. **건강을 회복하거나 질병을 예방하려면 우선 우리 몸의 독을 씻어내 깨끗이 해야**

한다. 온통 독으로 오염되어 쓰레기로 가득 찬 듯한 몸에 제아무리 신선한 음식을 잔뜩 먹어봐야 아무 소용이 없기 때문이다.

저 깊은 산속에 들어가 살지 않더라도 식습관 조절만으로도 누구나 자연치유의 기적을 체험할 수 있다. 산속으로 들어가 사는 일은 누구나 당장 실천할 수 있는 일이 아니다. 그런 어려운 일은 제쳐놓더라도 마음만 먹으면 당장 실천할 수 있는 일마저 하지 않는다면, 건강하게 살려는 진정한 의지가 없는 것이다. **잘못된 식습관과 생활 습관을 고치는 것은 지금 당장 실행할 수 있는 가장 기본적이고도 가장 중요한 건강 비결이다.**

우리 몸이 타고난 자연치유력으로 회복한다는 사실은 '의학의 아버지' 히포크라테스의 통찰로도 알 수 있다.

"병을 고치는 것은 약이나 의사가 하는 것이 아니다. 약이나 의사는 우리 몸이 스스로 치유될 수 있도록 도움을 줄 뿐이다. 질병은 우리 몸이 태어날 때부터 가지고 있는 자연치유력에 의해 퇴치되는 것이다."

자연치유력은 우리 몸의 건강을 유지하기 위한 생리적 기능을 통합적으로 수행한다. 우리 몸은 영양소의 소화와 흡수, 혈압 · 당 · 체온 등의 조절 시스템, 면역, 해독, 순환, 에너지 대사, 복구와 재생 등의 생리 기능이 유기적으로 연결돼 협업함으로써 건강을 유지한다.

이런 다양한 생리 기능 가운데 한 가지만 문제가 생겨도 나머지 기능에까지 문제를 일으킨다. 우리 몸이 건강하다는 것은 이런 모든 생리 기능, 즉 자연치유 시스템이 정상으로 작동한다는 뜻이다. 이 시스템에 이상이 생기면 우리 몸은 건강을 잃고 질병을 앓는다.

이거 알아요! 적정 체온 유지의 중요성

우리 인간의 적정 체온은 부위에 따라 약간씩 차이는 있지만, 전체적으로 36.5도를 기준으로 삼는다. 체온이 적정 온도에서 1도쯤 낮아지면 어떻게 될까? 그까짓 1도쯤 내려간다고 무슨 일이 있을까 싶겠지만, 큰 착각이다.

체온이 1도 낮아지면 우리 몸속의 생명 유지를 담당하는 수천 가지의 효소 기능이 30%나 떨어질뿐더러 몸에 산소나 영양분을 필요한 곳에 제대로 운반하지 못하는 등 정상적인 대사 활동에 문제가 생긴다. 반대로 **체온을 1도만 올려도 효소 기능이 50%나 향상되고 면역력은 5배나 증가한다.** 물론 체온이 너무 올라가도 문제가 된다.

몸 밖의 기온이 추위를 느낄 정도로 낮아지면 우리 몸은 열 손실을 막기 위해 몸속 혈관을 수축시킨다. 그로 인해 혈압이 상승하기도 하며, 갑작스럽게 강추위에 노출되면 심장에 무리가 갈 수도 있다.

그러므로 겨울철 추운 날씨에는 자연스레 몸이 움츠러들어 근육과 관절이 뻣뻣해지고 관절의 가동 범위가 줄어들어 가벼운 운동에도 근육통이 생기고, 낙상이나 골절 위험도 커진다. 그러니 어느 때보다 적정 체온을 유지하는 것이 중요하다.

따라서 두꺼운 옷보다는 얇은 옷을 여러 겹 겹쳐 입어야 체온 유지를 하면서 활동성을 높일 수 있다. 또 야외 운동을 할 때 과도하게 땀이 날 정도로 하는 것은 삼가해야 한다. 땀이 식으면서 체온이 저하될 수 있기 때문이다.
체온 유지에는 무엇보다 먹는 것이 중요하다. 몸을 따듯하게 해주는 대표적인 음식을 꾸준히 섭취하면 건강에 강한 체질로 변하여 체온 유지에 유리해진다.

현대인이 건강을 해치는 원인에는 이유가 있다

현대인이 건강을 해치는 원인은 과음, 과식, 흡연 등 다양하지만, 잘못된 식습관과 스트레스가 가장 큰 원인이다.

특히 **잘못된 식습관은 위와 간에 부담을 주고 몸 곳곳에 염증을 유발한다.** 특히 위염, 역류성 식도염은 잦은 술자리에 따르는 과음과 잘못된 식습관, 스트레스 때문에 우리 몸 전체에 문제를 일으킨다.

위염은 지속 기간에 따라 급성과 만성으로 나뉜다. 명치 부위 통증, 복부 불편감 및 구역감, 속쓰림 등이 갑자기 발생하면 급성 위염이기 쉽다. 반면에 만성 위염은 대개 증상이 없다. 설령 증상이 있어도 갑자기 발생한다기보다 상복부 통증, 명치 부위나 복부의 팽만감, 구역질, 속쓰림, 소화 불량 등이 만성적으로 발생한다.

위염은 스트레스, 과음, 흡연, 과식에도 기인하지만, 음식을 빨리 먹거나 자극적인 음식을 즐기는 잘못된 식습관에 기인하기 때문에 평소 식습관이 매우 중요하다.

나이가 들면 우리 몸 여기저기에서 노화가 일어난다. 우리 몸의 혈관 또한 나이를 먹기 때문이다. 그런데 현대인은 잘못된 식습관으로 인해 자연적인 혈관의 노화 이전에 혈관의 건강을 잃는 경우가 많다. **혈관이 건강하지 못하면 동맥경화, 뇌졸중, 심근경색과 같은 심각한 질병에 걸리게 된다.** 그러므로 혈관의 질환과 노화는 예방이 중요하다.

고혈압이 있으면 당뇨 등 대사증후군의 발생 위험성이 증가한다. 그뿐만 아니라 동맥의 혈관 벽에 계속 압력이 높게 작용하면 혈관 벽에 있는 세포가 상처를 입는다. 이로 인해 혈관이 망가지고 동맥경화가 생길 수 있다.

당뇨는 혈관 벽에 염증을 일으킨다. 혈관 벽에 염증이 생기면서 동맥경화도 같이 진행된다. 이러한 당뇨성 동맥경화증은 신장의 미세혈관과 망막에 있는 혈관까지 망가뜨려 신장병, 시력 손실을 일으킨다.

■ 병원 처방 치료 약물의 부작용

명 칭	부작용
스테로이드제	부신 기능 저하, 쿠싱증후군
항히스타민제	졸음과 운동신경의 둔화
페니실린	과민 반응으로 인한 쇼크사
항생제	강력한 내성균의 등장
위산 분비 억제제	노화 현상
항암제	면역 기능 저하
신경 안정제	극심한 약물 중독
교감신경 억제제	유방암 발생률 증가
여성호르몬제	암 발생률 증가
당뇨약	지질 축적, 동맥경화
혈압약	성기능 장애
갑상선 질환제	위장 장애
신부전 치료제	시각 장애

혈액 속에는 콜레스테롤과 중성지방이 있는데, 이러한 지방질이 지나치게 많아지는 것이 고지혈증이다. 고지혈증으로 인해 혈관 내에서 만들어지는 플라크로 혈관이 막히는 동맥경화가 나타날 수 있다.

고혈압, 당뇨, 고지혈증은 그 자체로 위험할 뿐만 아니라 동맥경화나 심근경색, 뇌졸중 같은 혈관 질병을 일으킬 수 있으므로 적극적인 관리와 예방이 필요하다.

더구나 현대인이 이렇게 질병을 예방하지 못하거나 건강을 해친 이후 꾸준히 약물 치료를 하는데도 병이 낫기는커녕 오히려 악화하는 이유는 대부분의 치료 약물에 심각한 부작용이 따르기 때문이다.

다음 장에서는 현대인의 건강을 위해 첫 번째로 시작하는 다이어트에 대한 문제점에 대해 구체적으로 무엇이 있는지 알아보자.

2장

건강 관리를 위해 시작하는 다이어트에 관한 흔한 오해

다이어트의 역사가 오래된 만큼 세상에는 별의별 다이어트 방법이
등장했다. 그 종류가 무려 3만 가지에 육박하고 있다.
그런데도 다이어트에 왕도는 없다.
숱한 다이어트 방법이 명멸하는 가운데 오늘날에도 날씬해지고 싶은
사람들을 유혹하는 기발한 다이어트 방법들이 새롭게 출현하고 있다.

1. 잘못된 의학 정보가 넘치는 다이어트에 대한 문제점

비만의 현실과 다이어트 시장

앞에서 질병의 원인을 근본부터 제거하는 자연치유에 관해 여러모로 알아보았는데, 비만 문제를 해결하는 데도 바로 이 자연치유에 답이 있다.

우리 몸의 많은 질병은 비만에서 비롯하는데, **비만은 잘못된 식습관과 생활 습관으로 인해 우리 몸의 생리작용이 균형을 잃었다는 가장 강력한 신호다.** 이 신호를 무시하고 기존의 식습관과 생활 습관을 계속하면 우리 몸은 금세 종합병동이 되고 만다. 당뇨, 고혈압, 고지혈증, 심장병, 동맥경화, 지방간, 퇴행성관절염 같은 현대인의 심각한 질병이 비만과 관련되어 있다는 것은 누구나 아는 상식이지만, 비만을 부르는 게으른 안락과 달콤한 맛에 젖은 습관을 고치기는 쉽지 않다.

이거 알아요! **세계의 비만 인구**

OECD 국가의 성인을 기준으로 하면, 비만 인구는 전체의 20%에 이른다. 그중 비만이 가장 심각한 나라는 미국으로 비만 인구가 40%에 이른다. 일본은 가장 적은 4%가량, 우리나라는 일본 다음으로 적은 6%가량이다. 6%라고 하니, 적다고 생각할지 모르겠지만 과체중으로 범위를 넓히면 30%에 이른다. 손쉽게 비만으로 발전할 수 있는 잠재 비만(과체중) 인구까지 치면 전체의 3분에 1에 가까우니, 비만 문제가 결코 가볍다고 할 수 없다.

더구나 이 통계는 의학, 즉 건강상의 통계이고, 미용상의 심리적 비만 인구로 관점을 옮기면 문제는 더욱 심각해진다. 성인 남녀 10명 중 8명이 자신은 비만이라고 생각한다는 것이다.

우리나라의 다이어트 열풍은 바로 이런 미용상의 심리적 원인에 따른 것이다. 그런데 아이러니한 것은 (건강해지고자 하는 것보다는) **날씬해지고자 하는 심리에 따른 다이어트 때문에 많은 사람이 오히려 건강을 해치고 있다는 것이다.**

비만을 해소하여 건강한 몸을 회복하려 하기보다는 비만이 아닌데도 그저 날씬해지고 싶다는 욕망 때문에 다이어트를 하느라 몸을 학대하는 지경에 이른다. 그런가 하면 진정으로 비만을 해소하려는 사람들도 잘못된 다이어트 방법으로 인해 살을 빼는 데는 결국 실패하고 몸을 학대하기는 마찬가지다.

어찌 보면 반드시 거쳐야 할 과정을 건너뛰고, 기본으로 필요한 기다림을 못 견디는 우리의 조급함이 편리함과 빠름만을 찾은 나머지 문제를 해결한다면서 오히려 악화시키고 있는지도 모를 일이다.

우리는 비만 문제를 해결하는 데도 쉽고 빠르게 효과를 볼 수 있을 법한 방법을 선호하고 선택한다. 이른바 다이어트에 목을 매게 된 것이다. 그에 따라 다이어트 시장은 우리나라뿐만 아니라 세계적으로 폭발적인 성장세를 기록해왔다.

비만 치료를 가장 많이 필요로 하는 미국의 다이어트 시장 규모는 100억 달러에 이르는 것으로 보인다. 우리나라의 다이어트 인구는 500만 명 이상으로, 시장 규모는 미국의 절반이 넘는다. 비만율과 인구에 대비하면 다른 나라에 비해 우리나라 다이어트 시장이 얼마나 과열되어 있는지 알 수 있다.

다이어트의 간략한 역사

다이어트는 언제 어디서 시작되었으며, 지금껏 알려진 다이어트 방법은 몇 가지나 될까?

다이어트는 19세기에 미국에서 시작되어 20세기 들어 커다란 시장을 형성하면서 본격화되었다. 당시 미국의 주요 도시에는 체중 조절을 위한 체육 교실이 문을 열었다. 이 무렵에 몸무게를

재는 체중계가 등장하여 체육 교실에 비치되었는데, 1913년 가정용 체중계가 처음 등장하여 판매되었다. 체중계도 다이어트의 산물인 셈이다.

다이어트의 역사가 오래된 만큼 세상에는 별의별 다이어트 방법이 등장했고 이제는 그 종류가 무려 3만 가지에 육박하고 있다. 그런데도 다이어트에 왕도는 없다. 숱한 다이어트 방법이 명멸하는 가운데 오늘날에도 날씬해지고 싶은 사람들을 유혹하는 기발한 다이어트 방법들이 새롭게 출현하고 있다.

다이어트에 대한 사람들의 관심이 날로 높아지고, 극적인 성공담이 포털 사이트와 SNS를 뜨겁게 달구는 가운데 유명인들의 기괴한 다이어트 방법이 널리 유포되어 물의를 빚기도 한다.

중국의 꽤 이름 있는 여가수는 '회충' 다이어트로 논란을 빚었다. 회충을 먹으면 음식을 실컷 먹어도 살이 찌지 않는다는 것이다. 회충이 소화를 돕고 남은 열량을 처리해주어서 그렇다는 논리다. 이런 어처구니없는 방법이야 그저 웃어넘기면 그만이지만, 한때 선풍적인 인기를 끌면서 수많은 사람이 따라 했던 다이어트도 잘못되기는 마찬가지다.

이거 알아요! 다양한 다이어트 방법들

[원 푸드(one food) 다이어트]

이 다이어트는 한때 살을 빼고자 하는 사람들에게 구원의 복음이 되었다. 딸기, 토마토 같은 과일 한 가지 식품으로만 끼니를 충당하여 살을 뺀다는 것이다. 열량을 극소화한 이 방법은 단기간에 살을 빼는 데는 효과적이지만, 심각한 영양 결핍을 일으키는 치명적인 단점이 있다. 당분은 과잉 섭취하는 반면에 단백질과 미네랄 같은 필수 영양소의 결핍으로 신진대사의 균형이 무너지고, 열량 공급 부족으로 기초대사량까지 떨어져 요요 현상을 부른다. 빈대 잡으려다 초가삼간 태워 먹는 꼴이다.

[황제 다이어트]

고기와 같은 지방 함유 음식은 실컷 먹되 밥이나 면 같은 탄수화물 함유 음식은 전혀 먹지 않는 것이 황제 다이어트다. 고지방 음식을 섭취하는 고열량 요법으로, 빠른 포만감을 이용하여 음식을 덜 먹게 된다는 것이다. 하지만 이 방법은 체지방이 빠지는 대신 주로 수분이 빠지고, 단백질 대사 과정에서 지나치게 발생하는 질소 노폐물이 신장에 무리를 준다.

[덴마크 다이어트]

요즘 유행을 타고 있는 다이어트 방법인데, 빠른 다이어트 효과와 고

단백질 · 저열량의 차별화를 내세운 방법이다. 앞에서 언급한 '원 푸드'와 '황제' 다이어트의 단점을 개선했다는 방법으로 꽤 설득력을 얻고 있다.

하지만 이 역시 불완전하기는 마찬가지다. 탄수화물 없이 달걀과 채소를 이용한 고단백 · 저열량 식단으로 살을 뺀다는 원리로, 2주 이상 꾸준히 하고도 충실히 실행하면 10kg 안팎의 체중을 줄이는 효과를 볼 수 있지만, 끼니마다 식단을 엄밀하게 지켜야 하고 다이어트가 끝난 후에 다시 체중이 제자리로 돌아오는 단점이 있다.

이처럼 식이요법만으로는 비만 문제를 근본적으로 해소하거나 원하는 다이어트에 성공할 수 없다. 그래서 많은 사람이 그 답을 '운동'에서 찾고 있다. 우리나라 성인 남자 10명 중 7명, 성인 여자 10명 중 4명이 다이어트 방법으로 운동을 식이요법보다 중요하게 여긴다. 운동이라면 걷기, 달리기, 요가, 필라테스, 댄스, 등산, 자전거 타기, 배드민턴, 복싱, 축구 등 여러 가지가 있지만, 걷기를 가장 즐기는 것으로 나타났다. 그런데 각종 운동 학원이나 동호회에 가입해 **열심히 운동하는 사람은 많지만, 다이어트에 성공했다는 사람은 많지 않다.** 왜 그럴까?

운동 후에는 입맛이 더 돌고 공복감이 커져 더 많이 먹게 되기 때문이다. 필라테스 후 치맥, 걷기나 등산 후 파전에 막걸리, 조기축구 후 족발에 소주 한잔하고 나면 운동으로 소모한 열량보다 더 많은 열량을 몸에 쟁이게 된다. 보통 1시간에 5km를 걷는

데, 이때 소모한 열량은 300kcal에 불과하다. 요가나 필라테스는 1시간 내내 강도 높게 해도 소모 열량이 그보다 적다. 그러고 나서 허기를 때우느라 가볍게 먹는 잔치국수 한 그릇 열량이 그 두 배인 600kcal나 된다. 커피 한 잔에 도넛 하나만 먹어도 운동 효과를 상쇄하고도 남는 열량을 섭취하게 된다. 그러니 우리가 운동 후에 먹어대는 술에 곁들인 고열량의 안주를 생각하면 살이 빠지는 것이 오히려 이상할 정도다.

이제, 다이어트에 관해 우리가 미처 몰랐던 것에는 무엇이 있는지 살펴보자.

2. 잘못된 다이어트에 대해 몰랐던 7가지 거짓말

우선 7가지 거짓말 목록을 하나씩 자세하게 알아보자.

이거 알아요! **다이어트에 대해 몰랐던 7가지 거짓말**

1. 연예인 식단을 따라 하면 살이 빠진다.
2. 단백질은 많이 먹을수록 좋다.
3. 다이어트에는 무염식이 필수다.
4. 뱃살만 빼는 운동이 따로 있다.
5. 잠자는 시간을 줄여서라도 운동을 해야 한다.
6. 몸에 좋은 과일주스로 식사를 대신해도 된다.
7. 안주만 안 먹으면 술을 마셔도 살이 안 찐다.

첫째, 연예인 식단을 따라 하면 살이 빠진다?

답은, 절대 아니다. 지금이야 종일 닭가슴살만 먹고 버티거나 하루 한 끼만 먹는 것으로는 다이어트가 되지 않는다는 걸 알고 있지만, 한때 이런 거짓말을 철석같이 믿고 따라 했던 사람이 많았다. 연예인 식단이라고 해서 인터넷에 떠도는 메뉴는 식이장애는 물론 각종 부작용으로 건강을 망치는 위험천만한 메뉴다. 건강을 유지하면서 살을 빼려면 식사량을 평소 먹던 데서 조금씩 서서히 줄이되, 우리 몸의 기초대사에 필요한 양은 반드시 유지해야 한다.

둘째, 단백질은 많이 먹을수록 좋다?

답은, 아니다. 다이어트의 목적은 체지방을 줄이고 근육을 늘리는 것이다. 근육을 늘리려면 단백질을 충분히 섭취해야 하지만, 무조건 많이 먹는다고 좋은 건 아니다. 우리 몸이 필요량만 흡수하고 남은 단백질은 몸 안에 축적되지 않고 모두 밖으로 배설되고 말기 때문이다. 단백질을 하루 권장섭취량 이상으로 과도하게 섭취하면 심부전증을 유발하므로 오히려 몸에 위험하다. 참고로, 단백질의 하루 권장 섭취량은 성인 남자는 70g, 성인 여자는 55g이다.

셋째, 다이어트에는 무염식이 필수다?

답은, 위험한 거짓말이다. 예전 한때는 나트륨(소금)이 다이어트의 적이라고 외치던 무염식 신봉자들이 득세했다. 하지만 나트륨을 극단적으로 줄인 저염식 또는 무염식은 오히려 건강에 해로운 것으로 밝혀졌다. 나트륨은 몸 안에서 신경신호를 전달하고 적혈구의 활동을 돕고 위산을 만드는 필수 요소다. 무염식을 오랫동안 지속하면 두통, 구역질, 소화장애 등의 각종 질병에 노출되고, 더 악화하면 저나트륨혈증으로 사망할 수도 있다.

다만, 세계보건기구(WHO) 권장섭취량보다 2배 이상 많은 나트륨을 섭취하는 우리 한국인은 평소보다 섭취량을 줄이는 것이 좋다. 나트륨 덩어리인 짜장면, 짬뽕, 찌개, 술안주 등 고염식을 자제하는 것만으로도 적정량까지 줄이는 데는 충분하다. 무염식 다이어트의 이론은 위험한 거짓말이다. 속으면 건강을 망칠 뿐이다.

넷째, 뱃살만 빼는 운동이 따로 있다?

답은, 한마디로 난센스다. 우리 몸의 특정 부위별로 지방을 빼는 것은 애초에 불가능한 일이다. 인체는 하나의 유기적인 조직이어서 부위별로 에너지를 소모하지는 않기 때문이다.

예를 들어보자. 뱃살을 빼겠다며 날마다 윗몸 일으키기만 해서는 효과적인 운동이 될 수 없다. 우리 몸의 지방을 태우려면 운동을 최소한 땀이 날 정도로 30분 이상 지속해야 하는데, 윗몸 일으키기 같은 복근 운동만 매일 그토록 오래 하는 것은 사실상 불가능하다. 다른 부위도 마찬가지다. 부위를 막론하고 살을 빼고 싶다면 식단 조절과 함께 전신 운동을 하는 것이 가장 효과적이고 빠른 길이다.

다섯째, 잠자는 시간을 줄여서라도 운동을 해야 한다?

답은, 제발 말리고 싶다. 하루 5~6시간쯤 자는 사람이 다이어트를 위해 자는 시간을 1시간 줄여서 그 시간에 운동하는 것이 과연 바람직할까?

필요한 휴식을 희생하면서까지 무리하게 운동을 하면 오히려 부작용이 생길 수 있다. 매일 규칙적으로 일정량의 식사를 하는 것과 잠을 충분히 자는 것이 비만을 예방하는 가장 기본적인 생활 습관이라는 건 이미 알려진 사실이다.

수면 전문가의 권위를 빌리지 않더라도 성인이 최적의 몸 상태로 하루를 보내려면 대개 7~8시간 정도 수면이 필요하다는 것은 상식이다. 잠이 부족하면 민첩성이 떨어져 부상 위험이 커지고 운동이나 노동 후에 근육 회복 속도가 느려진다. 더구나 만성 수면 부족은 활동량을 떨어뜨려 비만을 유발한다. 지방을 축적하는 비율은 높아지고 식욕 증진 호르몬이 분비되어 고탄수화물 간식을 찾게 된다.

운동으로 살을 빼려는 의지는 바람직하지만, 잠자는 시간을 훔쳐 써서는 안 된다. TV 시청 시간이나 게임 시간, 또는 술 먹는 시간을 줄여서 운동하는 거라면 대환영이다.

여섯째, 몸에 좋은 과일주스로 식사를 대신해도 된다?

답은, 유언비어다. 요즘에는 과일주스도 무가당이니 무설탕이니 하며 웰빙으로 홍보하며 소비자를 안심시키느라 무척 애쓴다. 하지만 속아서는 안 된다. 무가당이나 무설탕이라는 건 인위적으로 당분을 넣지 않는다는 것일 뿐 원료 자체에 당분이 없다는 뜻은 아니다. 시중에 판매하는 무가당 과일주스의 평균 당도는 24.2%로 가당 과일주스의 24.7%에 비해 별 차이가 없다. 같은 열량의 콜라보다 더 많은 양의 당분이 들어 있다. 식품의약품안전처가 조사하여 공식 발표한 결과이니, 놀랍더라도 믿지 않을 수 없다. 무가당이든 가당이든 과일주스에는 탄산음료나 아이스크림과 비슷한 양의 당분이 들어 있다.

건강 음료로 홍보하는 비타민 음료나 홍삼 음료도 사정은 크게 다르지 않다. 그러므로 과일주스로 식사를 대신한다면, 영양소는 포기하고 설탕만 잔뜩 섭취하는 셈이 된다. 더구나 설탕은 비만을 부를뿐더러 중독성이 있어 쉽게 끊지 못하게 된다.

일곱째, 안주만 안 먹으면 술을 마셔도 살이 안 찐다?

답은, 거짓이다. 술을 즐기는 주당들을 과체중이나 비만에 걸리게 하는 주범은 술이 아니라 그에 곁들이는 고단백의 안주다. 하지만 술 자체의 열량도 혐의를 피할 수 없다. 단백질, 탄수화물보다 높은 알코올의 열량이 지방으로 전환되는 비율은 낮지만, 알코올 때문에 기초대사량으로 소모되지 못한 다른 영양소가 체내에 남아 지방으로 축적된다. 알코올 효과로 몸에 지방이 쌓이는 것이니, 술이든 안주든 비만을 부르는 공범이다.

3장

모두가 다이어트에 실패했던 이유

다이어트는 특히 먹는 것에서 많이 실패한다.
음식은 먹는 종류, 즉 영양소도 중요하지만,
먹는 방식도 그에 못지않게 중요하다.
영양소의 균형을 맞춰 아무리 잘 차린 식사도 TV나 스마트폰을 보면서
먹거나 책상에 차려두고 일을 하면서 먹는 습관이 들면 심각한
문제를 초래한다. (음식을 먹는다는) 의식이 없는 상태에서 먹는 것이므로
아무런 맛도 느끼지 못할뿐더러 포만감도 느끼지 못하게 된다.

1. 비만은 질병이다

코로나 대유행이 3년을 넘기면서 우리의 생활 양식은 물론 일상의 개념이 근본부터 변화하고 있다. 그런 가운데 열량이 높은 식당 음식을 배달해 먹는 식사가 잦아지고 활동량은 크게 위축된 탓에 '확진자' 피하려고 '확찐자' 가 되었다는 우스갯소리까지 퍼지기도 했다.

이제 일정 부분은 일상을 코로나와 함께할 수밖에 없다는 사회의식과 현실적인 조건 때문에 일상이 조금씩 회복되면서 다들 움츠렸던 기지개를 켜는 가운데 다이어트 활동 역시 다시 활발해지고 있다.

사실 과체중을 넘어선 **비만은 단순히 살이 찐 상태가 아니라 질병이다.** 세계보건기구도 이미 20여 년 전에 비만을 장기 치료가 필요한 질병으로 규정했다. 왜 비만이 질병인지는, 비만에 따라 발병 위험이 커지는 질병군을 보면 알 수 있다. **비만이 되면 질병에 걸릴 확률이 당뇨는 13배, 고혈압은 4배, 심혈관 질환은 2배에 이른다.** 그 밖에도 비만은 뇌경색, 치매, 치주염, 수면 무호흡증, 지방간, 불임, 고지혈증, 하지정맥류, 각종 암, 관절통 등을 일으킨다.

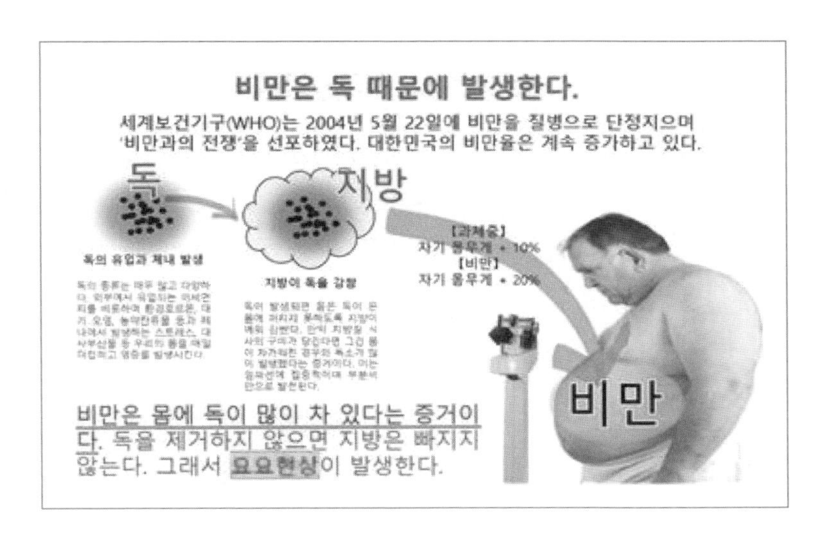

다이어트는 단순히 몸무게를 줄인다고 되는 일이 아니다. 체지방을 줄여야 한다. 그런데 문제는 체지방 감량이 호락호락하지 않다는 점이다. 다이어트를 하려고 몸부림칠수록 우리 몸은 항상성을 유지하려고 더욱 민감하게 대응한다. 몸에 들어오는 음식의 양이 줄어들면 그만큼 기초대사량을 줄여버려 체지방을 유지하려 하는 것이다.

그래서 비만은 체계적으로 치유해야 할 질병이지 다이어트로 해결될 의지의 문제가 아니다. 제아무리 굳센 의지로 식욕을 억제해도 우리 몸은 호르몬 변화를 일으켜 기존 체중을 회복하고 만다. 식욕 촉진 호르몬이 증가하고, 포만감 호르몬과 기초대사량이 감소하여 체중이 다시 증가하는 것이다.

단기간에 체중을 크게 줄이는 '폭풍 다이어트' 는 일시적으로는 가능하다. 그러나 우리 몸은 기존 체중으로 돌아가려는 싸움에서 늘 지게 마련이다. 실제로 다이어트에 성공했다는 사람들 대부분이 그런 악순환을 겪는다. 미국의 체중 감량 TV 프로그램에서 6개월간 평균 60kg을 감량한 참가자들을 6년간 추적한 보고서에 따르면 평균 50kg이 다시 늘었다.

다행히 최근 들어 이런 악순환, 즉 요요 현상을 해결하기 위한 노력이 하나둘 결실을 보이기 시작하고 있다. 그런 노력 가운데 돋보이는 방법을 다음 장에서 자세히 소개한다.

여러 차례 다이어트에 도전했다가 실패한 사람들은 '꼭 이렇게 해서까지 살을 빼야 하나' , 자조하면서 포기한다. 하지만 비만이라면, 포기한다고 해서 문제가 가벼워지진 않는다. 앞에서도 말했듯이 **비만은 만병의 근원이다. 특히 성인병은 비만이 밀접한 유발 요인이다.**

우리 몸에서 쓰고 남아 축적된 지방이 독이 되어 몸속을 휘젓고 다니며 당뇨, 고혈압, 고지혈증, 수면 무호흡증, 암 등의 난치병을 유발한다. 배에 내장지방이 쌓이면, 이 지방이 뇌 영양분으로 전환되기 위해 간에서 활용되는데, 넘치면 지방간이 된다. 이렇게 넘친 지방이 혈액 속으로 흘러가면 고지혈증이 된다.

2. 비만은 당신의 잘못이 아니다

지난 10여 년간 우리나라 비만 인구는 7% 가까이 증가했다. 앞으로도 증가할 것으로 보인다. 그러면서 다이어트는 더 큰 산업으로 확대되었다. 게다가 다이어트는 단지 비만 치료에 그치지 않고, 너도나도 날씬해지고 싶은 욕망이 만연하면서 거의 모든 사람의 관심사가 되었다.

우리는 그동안 비만이라고 하면 흔히 당사자의 게으른 생활습관이나 지나친 식탐 또는 편중된 식단 탓으로만 돌렸다. 다이어트도 그런 전제를 바탕으로 해소 방법이 고안되고, 개인들도 저마다 그런 인식 아래 다이어트를 실시했다. 그러다 보니 다이어트는 번번이 실패하는 일이 될 수밖에 없었다. 전제와 진단이 잘못되었으니, 문제 해결도 제대로 될 리 없었다.

연구에 따르면 **비만은 유전적 질환이기도 하다. 유전과 생활 습관이 복합적으로 영향을 미치는 것으로 알려졌다.** 양쪽 부모가 비만이면 자녀가 비만일 확률은 80%, 한쪽 부모가 비만이면 40%에 이른다. 반면에 양쪽 부모가 정상 체중이면 10%에 불과한데, 그렇다고 안심할 것은 못 된다. 본인의 식습관이나 생활 습관이 비만 유발 요인이 아니라는 것을 전제로 하기 때문이다. 양쪽 부모가 아무리 날씬한 유전자를 지녔다 해도 본인의 식습관이나 생활 습관이 비만을 부르는 조건이라면 유전자도 비만을 막을 수 없다는 얘기다. 그런데 아버지가 비만인 경우보다 어머니가 비만일 때 자식이 비만일 확률이 높다고 한다. 아버지보다는 어머니의 식습관이 자녀의 식습관에 더 큰 영향을 미치기 때문이다. 이는 유전적 요인에다 식습관이나 생활 습관까지 얽혀서 비만의 영향을 더 크게 받는다는 얘기다. 그래서 다이어트에 성공하기가 어려운 것이다.

0.5%! 다이어트를 시도해서 성공할 확률이다. **단기간에 다이어트에 성공했다는 건 대부분 일시적인 착시 현상이다. 한마디로 착각이다. 그 다이어트를 그만두면 체중은 금세 원래로 돌아가기 때문이다. 이른바 요요 현상이다.** 한때 뚱뚱하던 연예인이나 유명인이 열심히 다이어트를 해서 성공 사례로 방송에 출연하는 한편 책으로도 내고 비디오로도 출시하여 큰돈을 버는 일이 유행했다. 그러나 대부분은 결국 그전보다 살이 더 쪄서 민망한 모습을 보이게 마련이었다. 본인은 물론 그 추종자들도 결국 다이어트 실패의 민망한 최후를 보여주는 것 말고는 더 이상 반전은 없었다.

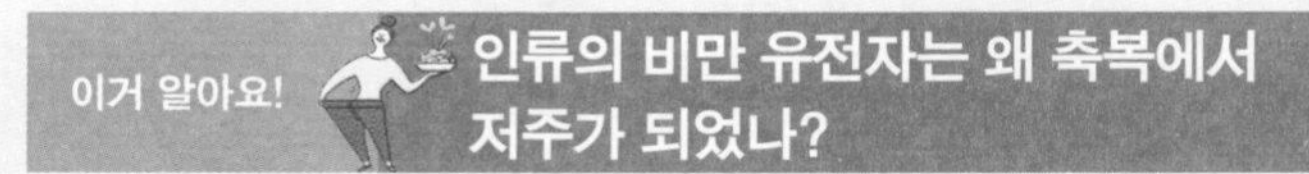

우리 몸의 비만 유전자는 어떻게 생긴 것일까?

지난 2022년 11월에 방영된 EBS 3부작 〈다큐 프라임〉 '다이어트 혁명, 0.5%의 비밀' 편에서는 케임브리지대학교 분자유전학자 자일스 교수 연구팀의 연구 성과가 소개되었다. 비만의 주요 원인을 개인의 노력으로는 설명될 수 없는 '유전자' 에서 찾았다. 비만은 유전적 질환이기도 하다는 것이다.

이 연구에서는 구석기 시대의 유물로 보이는 빌렌도르프의 비너스를 소환한다. 석회석을 재료로 만들어진 이 작은 조각은 풍성하게 살이 찐 여성의 벗은 모습을 새긴 것이다. 젖가슴과 배, 엉덩이가 풍만하게 강조된 것으로 보아 풍요와 다산을 상징하는 숭배물로 여겨진다. 늘 먹을 것이 부족하고 때로는 극한의 굶주림을 견뎌야 했던 그 시대의 인류에게는 살이 찐다는 것 자체가 축복일 수 있다. 당장 배를 채울 먹을거리마저 구하기 어려웠던 당시의 인류는 먹을거리가 생겼을 때 가능하면 많이 먹어서 몸에 축적하는 비만 유전자가 발현되었다는 것이다. 다시 말해, **있을 때 최대한으로 먹도록 유도하는 비만 유전자는 인류 생존에 필요한 축복이었다.**

애초에 인류에게 축복으로 온 비만 유전자가 현대의 풍요에서는 저주가 되고 있다는 것이 문제다. 현대를 사는 인류가 다이어트와 전쟁을 벌이느라 아우성이고, 그 전쟁에서 백전백패할 수밖에 없는 속사정이 구석기 시대에 형성된 유전자에 있다니, 놀라운 일이다. 연구팀에 따르면, 인류에게는 1,000개가 넘는 비만 유전자가 있는데, 그중 한국형 비만 유전자도 20개쯤 되는 것으로 밝혀졌다.

이처럼 비만이 유전자로 인한 질환임이 밝혀졌지만, 유전자만의 문제는 아니라는 것도 변함없이 유효하다. **비만이라는 질환은 유전적 내력에다가 식습관을 비롯한 생활 환경의 영향을 받는다.** 그것은 실제 사례로도 증명된다.

같은 유전자를 가진 어느 일란성 쌍둥이 자매는 함께 요가 학원을 운영하는데, 몸매나 체중이 전혀 다른 모습이다. 요가 강사로 활동하는 동생은 줄곧 날씬한 몸매를 유지해오고 있지만, 일찍이 비만에 걸린 언니는 다이어트 전쟁 중이다. 무엇이 이런 차이를 낳았을까? 동생은 단백질 위주의 식사를 하고 언니는 탄수화물 위주의 식사를 했다. 식습관의 차이가 결국 서로 다른 체질을 만든 것이다. 먹는 것이 다르면 장내 미생물의 구성이 달라진다. 장내 미생물의 균형이 무너져 지방을 분해하지 못하고 몸속의 독소를 제거하지 못하면 결국 비만으로 이어진다. 다시 말해, **섭취하는 음식의 영양소나 질에 따라 좋은 유전자의 스위치가 켜지기도 하고, 나쁜 유전자의 스위치가 켜지기도 한다.**

다이어트가 태생적으로 이토록 어려운 일임에도 불구하고 많은 사람은 다이어트 중에도 갖가지 변명과 자기합리화로 한눈을 판다. '잠깐 이런 정도는 뭐 어때', 하는 식으로 스스로 정한 다이어트의 원칙에서 슬쩍 벗어난다. 그렇게 한번 규정을 어기면 두 번, 세 번… 갈수록 손쉽게 규정을 어긴다. 그러다 보면 다이어트는 성패를 가를 것도 없이 어느새 자연히 없는 것으로 되고 만다.

다이어트는 특히 먹는 것에서 많이 실패한다. 음식은 먹는 종류, 즉 영양소도 중요하지만, 먹는 방식도 그에 못지않게 중요하다. 영양소의 균형을 맞춰 아무리 잘 차린 식사도 TV나 스마트폰을 보면서 먹거나 책상에 차려두고 일을 하면서 먹는 습관이 들면 심각한 문제를 초래한다. 음식을 먹는다는 의식이 없는 상태에서 먹는 것이므로 아무런 맛도 느끼지 못할뿐더러 포만감도 느끼지 못하게 된다.

미국의 심리학자 수잔 앨버스는 《다이어트에 실패하는 50가지 이유》에서 이런 식사를 비만의 한 원인으로 지목하고 '좀비(zombi) 식사'로 표현했다.

음악을 들으면서 곶감을 깎는다거나 하는 것처럼 다른 감각을 사용하는 두 가지 일을 동시에 하는 것이라면 사람에 따라서는 효율적 시간 활용일 수도 있겠지만, 밥을 먹는 일이라면 얘기가 달라진다.

이거 알아요!

왜 음식의 종류 못지않게 먹는 태도가 중요한가?

최근의 연구에 따르면 우리의 뇌는 멀티태스킹을 꺼리는데, 특히 다른 일에 정신을 빼앗긴 채 음식을 먹는 일은 신체적으로든 정신적으로든 바보짓이라는 것이다.

미국 스탠퍼드대학교 공동 연구팀은 미디어 멀티태스킹 시간이 길수록 주의력과 기억력이 심각하게 떨어진다는 사실을 밝혀냈다. 밥을 먹으면서 다른 일을 하는 것도 일종의 멀티태스킹이다. 이는 음식에 집중하는 것을 방해해 여러 가지 문제를 일으킬 수 있다.

무엇보다 우선 음식에 대한 주의력을 떨어뜨려 식사량 조절에 실패하기 쉽다. 우리의 의식이 식사를 인지하는 것은 매우 중요하기 때문에 **식사 도중 TV 시청이나 스마트폰 사용, 기타 업무 등을 동시에 병행할 경우 신경을 빼앗겨 포만감을 느끼지 못하게 된다.** 그러면 자연히 과식하게 되는데, 과식이 반복되면 위장 기능이 떨어지면서 위장 질환 위험이 커진다.

의학자든 심리학자든 영양학자든, 공통으로 말하는 건강한 식사는 오로지 식사에만 집중하는 것, 그리고 좋아하는 사람들과 대화하면서 식사를 즐기는 것이다. 건강도 건강이지만, 혼자 다른 일을 하면서 허겁지겁 식사하는 것 대신, **좋아하는 사람과 즐겁게 대화하면서 식사 자체에 집중하는 행위 자체가 정서적 만족감과 정신적 행복감이 높다고 한다.** '행복 연구가'로 알려진 심리학자 서은국 교수도 《행복의 기원》에서 먹는 행복을 간과하지 말 것을 권한다.

"행복을 찾아가는 건 어렵지 않다. 행복하길 원한다면 좋은 사람들과 맛있는 음식을 먹으면서 뇌에 즐거움을 자주 심어주라."

수잔 앨버스는 저서에서 '다이어트에 실패하는 50가지 이유'를 말하고 있는데, 다이어트를 하고 있거나 경험한 사람이라면 누구나 한 번쯤 자기 자신에게 속삭였을 법한 변명이나 자기합

리화의 말들이다.

가령, '일단 오늘은 실컷 먹고 내일부터는 반드시 다이어트를 시작할 거야', '건강하게 먹을 시간이나 경제적 여유가 없어, 한 번만이라면 그 정도는 좀 먹어도 괜찮을 거야', '아직 배가 부르지 않은 걸 뭐, 난 생각보다 그렇게 많이 먹지는 않아', '스트레스가 너무 심한데 해소하려면 그 음식이 필요해', '뭐 그런다고 달라지겠어? 해봤자 별로 효과도 없는데 계속해야 해?' 하는 것들이다.

4장

비만 해결을 위한 최고의 플랜

우리 몸의 온도, 즉 체온이 떨어지면
신진대사 능력도 함께 떨어진다.
그런데 체온이 낮으면 신진대사가 원활히 이루어지지 못한 나머지
불필요한 수분과 지방이 쌓여 비만으로 이어진다.
따라서 체온을 높여 신진대사를 원활히 하고 기초대사량을 올리면
그 자체만으로도 비만의 예방과 다이어트 효과가 상당하다.

1. 혈관 관리가 우선

비만을 예방하고 치료하는 데 왜 혈관 건강이 중요할까? 물론 비만이 혈관 건강을 해친다는 것은 앞에서도 언급했다. 반대로 혈관 건강이 망가지면 비만에 걸리기 쉽다는 얘기도 성립된다. **혈관이 손상되면 장기로 보내져야 할 영양소나 산소가 제대로 운반될 수 없기 때문이다.** 소화기관에 산소가 원활하게 공급되지 못하면 분해되지 못한 지방이 체내에 쌓여 비만을 부른다.

비만뿐 아니라 각종 성인병을 예방하고 노화를 늦추려면 무엇보다 혈관이 건강해야 한다. 우리 몸의 혈관은 동맥, 정맥, 모세혈관으로 이루어져 있는데, 총 10만km에 이르는 생명선이다. 지구 두 바퀴 반을 도는 엄청난 길이다.

'혈관 나이가 곧 신체 나이' 라고 할 만큼 **우리 몸이 건강과 젊음을 유지하는 데는 혈관의 상태가 가장 중요하게 작용한다.** 아무리 깨끗한 혈액을 갖고 있어도 그것을 나르는 혈관이 건강하지 못하면 아무 소용이 없다. 인체 내 60조여 개에 달하는 모든 세포에 혈액을 공급하는 혈관이 좁아지거나 손상되면 몸 전체의 대사와 회복 기능이 저하되고 모든 세포가 노화한다. 심장과 뇌의 혈관이 질환에 걸리는 주원인은 동맥경화인데, 나이가 들수록 혈관은 점점 퇴화하기 때문에 당연한 현상이다.

평균 수명은 갈수록 늘어나는 추세지만, 중요한 것은 실제 건강한 상태로 생활할 수 있는 기간, 즉 건강 수명이다. 건강 수명을 연장하려면 혈관 건강을 유지하는 것, 즉 혈관 나이를 젊게 하는 것이 관건이다.

이거 알아요!

혈관을 젊고 건강하게 유지하는 7가지 비결

첫째, 식습관 개선으로 체내에 콜레스테롤이 쌓이는 것을 막는다.

둘째, 금연과 금주를 실천한다. 흡연은 심혈관 질환뿐 아니라 뇌졸중 발생 확률을 크게 높이며, 혈전을 유발한다. 지나친 음주도 마찬가지다.

셋째, 음식을 싱겁게 먹고 육류 위주의 식단을 개선한다. 우리는 일상에서도 짜게 먹는 편이지만, 특히 스트레스를 받으면 맵고 짠 음식을 먹어대는 것으로 해소하는 사람이 많다. 게다가 단 음식까지 추가하면 최악의 식단이 된다.

넷째, 규칙적으로 운동을 한다. 운동은 규칙적으로 하되, 적어도 30분 이상 이마에 땀이 나도록 전신 운동을 해야 효과가 있다. 이런 운동은 체중 조절에 효과적이며, 스트레스 해소에 도움을 준다.

다섯째, 채소와 과일을 꾸준히 섭취한다. 육류 위주의 식습관을 개선하여 채소와 과일을 통해 식이섬유, 칼륨, 비타민, 항산화 성분 등의 영양소를 골고루 섭취하면 혈관 건강에 탁월한 효과를 볼 수 있다.

여섯째, 등푸른생선을 충분히 섭취한다. 등푸른생선에는 불포화지방산인 오메가3가 풍부하여 혈관 건강에 크게 도움을 준다.

일곱째, 잠을 충분히 잘 잔다. 즉, 숙면하는 것이다. 수면 시간이 부족하거나 수면의 질이 나쁘면 심혈관에 악영향을 미친다. 숙면은 비만을 예방하기도 한다.

오늘날 한국인의 사망 원인 가운데 1위가 암이고, 그다음이 심혈관 질환이다. 3위는 폐렴, 4위는 뇌혈관 질환이다.

갈수록 혈관 관련 질환자가 늘어나는 추세여서 머지않아 암을 제치고 사망 원인 1위에 그 이름을 올릴 것 같다.

그렇다면, 혈관 관련 질환에는 무엇이 있을까? 혈관 건강을 위협하는 심혈관 질환으로는 심근경색, 협심증, 심부전증이 대표적이고, 뇌혈관 질환으로는 뇌졸중이 대표적이다. 이런 질환에는 대개 고혈압, 당뇨, 고지혈증, 동맥경화 등의 증상이 먼저 나타난다. 선행 질환 단계에서 생활 습관을 적절히 관리하고 적극적으로 꾸준히 치료받으면 혈관 질환을 막을 수 있다.

무엇보다 지나친 음주와 흡연은 혈관 건강을 해치는 주원인이다. 혈관 질환의 선행 질환이 없더라도 흡연이나 음주를 지나치게 즐기는 사람은 혈관 질환에 걸릴 위험이 크므로 **혈관 건강을 나타내는 3가지 지표, 즉 혈압 · 혈당 · 콜레스테롤 수치를 평소에 자주 확인할 필요가 있다.**

혈관을 건강하게 유지하려면 기본적으로 술을 절제하고, 담배를 끊고, 음식은 골고루 먹되 싱겁게 먹고, 기름지거나 가공된 식품을 멀리하고, 운동은 매일 30분 이상 해야 한다. 그리고 무엇보다 스트레스를 줄이고, 스트레스를 받더라도 빨리 해소하는 것이 혈관 건강은 물론 정신건강에도 좋다.

혈관 건강에 좋은 음식에는 무엇이 있을까? 현미밥이나 보리밥이 좋다. 현미에는 몸에 좋은 HDL 콜레스테롤과 동맥경화를 예방해주는 피토스테롤이 풍부하게 함유되어 있다. 보리에는 단백질과 필수 아미노산이 풍부해서 혈관 노화를 방지하고 성인병을 예방한다.

두부에는 단백질과 식이섬유가 풍부하여 도움이 된다. 불포화지방산이 가득한 등푸른생선을 빼놓을 수 없다. 다만, 등푸른생선은 구이로 먹으면 불포화지방산의 손실이 크므로 조림으로 먹는 것이 좋다.

미역이나 다시마 등 해조류는 혈중 콜레스테롤을 낮춰주는 데다가 단백질과 비타민, 무기질 등이 풍부해서 피를 맑게 해주고, 신체에 해로운 활성산소를 억제하는 효과까지 있다.

사과에는 식이섬유가 풍부하게 함유되어 있는데, 혈관에 쌓인 유해 콜레스테롤을 억제하고 유익한 콜레스테롤을 생성한다. 토마토에는 '라이코펜' 이 함유되어 혈전 형성을 막고, 동맥경화를 예방한다.

2. 몸속의 독소 제거

독소에 노출될 수밖에 없는 생활 환경

현대인은 온갖 독소에 노출된 채로 살아간다. 당장은 피하려고 해도 피할 길이 없는 현실이다. **거주지 전체가 독소의 늪이라도 해도 과언이 아니다.** 대기오염, 수질오염, 토질오염, 가공식품, 방사선, 농약, 방부제, 색소, 항생제, 스테로이드제, 가공식품, 새집 증후군을 일으키는 해로운 건축자재 등에서 벗어날 수 없다. 미세먼지 농도 알림은 실시간으로 서비스되는데, "매우 나쁨" 메시지가 종일 떠 있는 날이 계절을 가리지 않고 늘어간다.

미세먼지는 공해 물질의 집합체로, 장시간 노출되면 인체의 면역력을 떨어뜨려 면역성 질환을 유발한다. 전자제품에서 발생하는 전자파, 과일과 채소류에 살포되는 농약, 어패류에 함유된 수은, 납, 비소 등의 중금속 오염도 외부 환경에서 오는 독으로, 개인의 힘으로는 당장 어찌할 수 없는 불가항력이다.

생선은 오메가3 지방산이 풍부하여 심혈관계 질환을 줄일 수 있고, 기억력 증진과 뇌 발달에 좋은 건강식품이지만 중금속, 특히 수은에 오염된 생선은 우리 몸의 건강에 치명적이다. 후쿠시

마 원전 누출 사고에서 보듯이 방사능에 노출된 생선은 말할 것도 없다. 가정에서 사용하는 화석연료, 담배 연기, 건축자재에서 발산되는 화학물질도 건강을 해치는 독소로 작용한다.

유행성 독감, 조류 인플루엔자, 사스, 메르스, 코로나 등 오염된 공기를 통해 전염되므로 외부 환경에서 오는 독이다.

독은 외부에서만 오는 게 아니다. **몸의 내부에서도 독이 발생한다.** 위장에서 채 소화되지 못한 음식 노폐물이 독소로 변하기도 한다.

앞에서 외부 환경에서 오는 무시무시한 독을 언급했지만, 건강을 위협하는 가장 무서운 독은 스트레스다. 스트레스는 그 자체로 건강을 해치는 독이기도 하지만, 우리 몸 안에 독소를 생성하는 주범이다. 심하게 스트레스를 받으면 나타나는 증상만 봐도 스트레스가 얼마나 많은 독을 우리 몸 안에서 일으키는지 알 수 있다.

스트레스를 받으면 정서적으로 불안해지고, 온몸에 통증이 오기도 한다. 갑자기 심한 생리통을 겪기도 하고, 몸에 뾰루지가 나는가 하면 잇몸에 염증이 생기거나 피부 가려움증이 일기도 한다. 모두 몸속의 독소가 작용하여 일으키는 증상이다.

우리 몸에 독소가 쌓이면 정상 세포를 공격하는 활성산소를 만들어 염증을 유발하고 면역 기능을 떨어뜨려 질병과 피로에 쉽게 노출된다. 간과 대장에 독소가 쌓이면 피부가 상하게 되어 피부 질환이 생긴다.

이거 알아요! **우리 몸에 독소가 쌓이는 10가지 증상**

1. 늘 피곤한 가운데 몸이 쑤시고 찌뿌둥하다.
2. 몸이 자꾸 붓고 자주 체한다.
3. 걸핏하면 감기에 걸린다.
4. 피부가 거칠어지고 자꾸 가려움증이 인다.
5. 입 냄새가 심하고 잇몸에서 자주 피가 난다.
6. 얼굴이 샛노랗게 뜬다.
7. 체중이 갑자기 늘거나 준다.
8. 배설물 냄새가 아주 독하다.
9. 자주 변비에 걸리거나 설사를 한다.
10. 속이 더부룩하고 방귀가 자주 나온다.

우리 몸의 한 부위에 독이 쌓여 문제가 생기면 이 문제를 뇌에 전달하는 과정에서 통증이 생긴다. 그러면 우리 뇌는 독을 제거하기 위한 물질 전달을 명령한다. 그 물질을 전달하느라 혈관이 확장되어 붉게 부어오르는 것이다. 이렇게 해서 문제가 된 부위가 나아지면 우리 몸은 원래 상태를 회복하게 된다.

가령, 우리 몸에 염증이 생기면 현대 서양 의학은 대개 밖으로 드러난 염증만을 다스리는 대증 요법을 사용한다. 간단하게는 열이 나면 해열제를 처방하여 빠르게 열을 내리게 하는 식이다. 물론 이런 대증 요법도 필요하지만, 문제는 병의 원인을 제거하지 못한다는 것이다. 그러니 같은 병증이 언제든 재발하게 마련이다. 그렇다면 어떻게 해야 병증의 근본 원인을 제거할 수 있을까?

염증이나 열을 유발한 원인, 즉 우리 몸에 쌓인 독을 제거하는 것이다. 이것을 원인 요법 또는 양생 요법이라고 하는데, 치료를 넘어선 치유의 핵심 개념이다. 앞에서 말한 자연치유도 우리 몸의 독소를 제거하는 데서 출발한다. 우리 몸은 안에 쌓인 독이 제거되고 나서부터 자연치유 능력을 발휘하게 된다. 독소 제거는 자연치유와 동의어라고 해도 과언이 아니다.

독소에 대한 노출 최소화하기

독소를 유발하는 화학물질은 우리 일상에 생각보다 깊숙이 들어와 있다. 날마다 몸을 씻거나 빨래하는 데 사용하는 샴푸, 린스, 비누, 치약, 세제 같은 청결제, 우리 몸에 직접 바르는 화장품, 향수, 자외선 차단 크림 등 미용제, 몸속으로 직접 섭취하는 화학조미료나 식품첨가물 같은 식료품, 그 자체가 유해물질 덩어리인 플라스틱과 일회용품 등은 우리 일상에서 떼려야 뗄 수 없는 생활필수품이 되었다. 현대인은 그야말로 독소를 내뿜는 화학물질에 포위되어 살고 있다고 해도 과언이 아니다.

게다가 현대인의 생활 습관 자체가 몸에 독소를 일으키는 나쁜 습관으로 물들어 있다. 다음은 평범한 직장인이라면 누구나 '내 얘기구나' , 여길 법한 하루를 구성한 기록이다.

이거 알아요!

몸에 독소를 일으키는 현대인의 하루

아침밥을 못 먹고 출근했거나 점심시간이 어중간할 때는 편의점이나 패스트푸드 가게에서 김밥이나 컵라면, 햄버거 같은 즉석식품으로 대충 끼니를 해결한다. 잠잘 시간도 부족한데 아침 운동 같은 건 꿈도 못 꾼다. 전날 과음을 했다 싶으면, 점심 메뉴로 얼큰한 짬뽕이나 시원한 동태탕을 먹는다. 사정이 허락하면 해장술까지 한잔 곁들인다. 종일 몽롱하고 나른한 나머지 정신을 차린답시고 설탕과 크림이 잔뜩 들어간 봉지 커피를 오전에 한 잔, 점심 식후에 한 잔, 오후에 한 잔, 이렇게 기본 석 잔은 마신다. 정신이 좀 돌아오면 몸이 힘들더라도 집중해서 기본 회사 업무는 마쳐야 한다.

그리고 퇴근하면 천근만근 지친 심신을 달래기 위해서라도 그냥 귀가할 수는 없다. 계절이나 그날 날씨에 따라 호프집이든 대폿집이든 한잔 걸치면서 술김에 없는 호기라도 부려야 하루의 스트레스를 풀고 귀가할 수 있다. 회식이라도 있는 날은 2차, 3차까지 이어지는 술자리에 곤드레만드레 취하여 심신은 더욱 피곤해진다. 하지만 다음 날 출근을 위해 전철이든 버스든 콩나물 시루 같은 막차에 몸을 끼워

넣는다. 집에 와서 온수에 몸을 담그기라도 하면 좀 나으련만 집에 들어왔다는 의식도 없이 오자마자 씻지도 못하고 쓰러져 잔다.

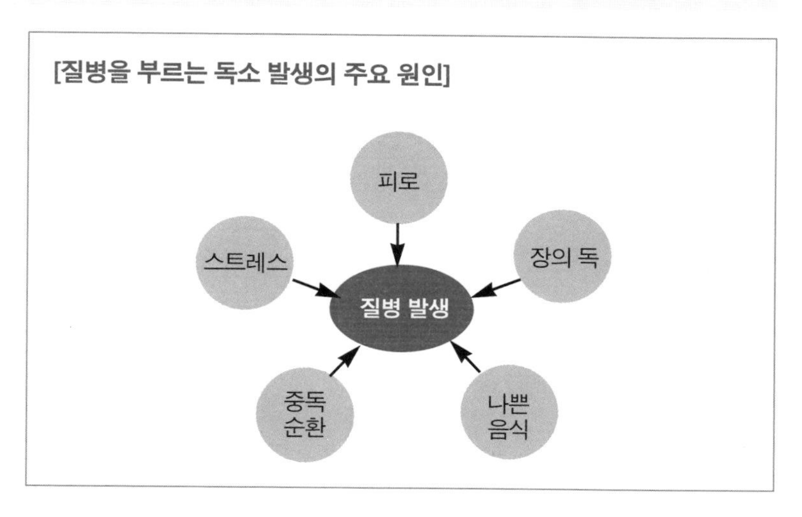

이처럼 현대인의 몸에서는 독소가 씻겨나갈 새가 없다. 오히려 독이 더 쌓여갈 뿐이다. 물론 이런 풍경은 이제 옛날 얘기라고 할 수도 있겠다. 무엇보다 코로나가 유행하면서부터는 거의 자취를 감추다시피 한 것도 사실이다. 그러나 이런 술자리 회식 문화가 크게 줄어든 대신에 배달해 먹는 식사 문화가 늘어나면서 우리 몸은 여전히 독소에 오염될 위험에 노출되어 있다.

그렇다고 이대로 독소에 질식해 죽을 수 없는 노릇이어서 독소에 대한 노출을 최소화하려는 노력이 끊임없이 이어지고 있다. 천연 재료로 만든 청결제 사용하기, 유기농산물과 자연식품 섭취하기, 환경오염에 적극적으로 대처하기와 같은 노력은 위험

가운데서도 우리 몸의 건강을 지키는 데 상당한 효과를 보인다.

지금의 생활 방식을 완전히 버리지 않는 한 현대인은 독소로부터 완전히 벗어날 방법이 없다. 다만, 독소의 오염을 최소한으로 줄이는 노력은 할 수 있다. 비교적 청정한 지역에서 유기농법으로 생산되는 농축산물이나 인공조미료로 가공하지 않은 천연 수산물을 먹는 것, 비교적 물이 깨끗하고 공기가 맑은 곳에서 생활하는 것 같은 노력도 필요하다.

이런 외부 환경 요소는 경제적으로 웬만한 부자가 아니라면 개인이 선택할 수 있는 여지가 별로 없어서 한계가 뚜렷하다. 그러니 우리 몸의 자체 정화 능력을 극대화하여 몸 안의 독소를 제거하는 것이 현실적인 방법이다. 식습관을 비롯한 생활 습관을 바꾸는 것만으로 가능한 일이기 때문이다.

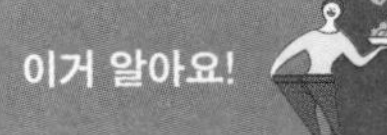

우리 몸의 어떤 장기가 어떻게 해독 작용을 할까?

[하는 일이 많은 간]

간은 혈액에서 노폐물과 독성물질을 제거하고, 혈액량을 조절한다. 그리고 노쇠한 적혈구를 파괴하여 피를 젊게 한다. 간은 소화액(쓸개즙)을 분비하고, 단백질과 탄수화물, 지방을 대사시킨다. 특히 독성이 강한 암모니아는 간에서 독성이 약한 요소로 바뀐다. 또 간은 에너지 대사에 중요한 글리코겐과 지용성 비타민 등을 저장하고, 혈액응고

인자를 합성한다. 그런가 하면 호르몬을 분해하며 살균작용도 하고 혈액을 저장하기도 한다. 따라서 몸 안에 독소를 만들 수 있는 알코올, 니코틴, 방부제, 식품첨가제, 중금속, 농약 등은 우리 몸에 들어오지 않도록 신경 써야 한다.

[소통이 중요한 대장]

대장은 음식물을 소화 · 흡수한 다음에 남은 찌꺼기를 직장을 통해 배설한다. 그러나 스트레스를 받거나 기름진 음식, 고열량의 음식을 많이 먹으면 대장에 독소로 쌓인다. 또 장에는 좋은 세균과 나쁜 세균이 균형을 이루면서 살아가야 하는데 독소로 인해 그 균형이 깨져 나쁜 균이 득세하게 되면 건강을 해친다. 장 건강을 위해서는 고열량의 음식보다는 식이섬유가 풍부한 음식을 먹는다.

[우리 몸의 고속도로, 혈액]

혈액은 늘 맑게 유지되어야 한다. 혈액은 온몸을 돌아다니면 각 장부와 기관에 영양분을 공급한다. 필요 없는 성분은 혈액을 타고 간과 신장에서 분해된 다음 배설된다. 그러나 기름지거나 단 음식, 자극적인 음식, 식품첨가물이 함유된 가공식품을 섭취하는 식습관이 들면 혈액 순환에 장애가 생겨 동맥경화, 고지혈증, 뇌졸중, 통증 등의 질환에 걸리기 쉽다. 스트레스가 많아도 혈액이 탁해진다. 더 심해지면 심장 질환, 뇌혈관 질환, 중풍 등으로 발전한다. 혈액 건강을 위해서는 포화지방이 많은 육류보다는 불포화지방이 많은 생선, 견과류, 콩류 등으로 식단을 차리는 것이 좋다.

[우리 몸의 여과지, 신장]

신장, 즉 콩팥은 혈액에서 몸에 나쁜 성분은 소변으로 배설시키고 몸에 좋은 성분은 다시 혈액으로 돌려보내는 작용을 한다. 너무 짜거나 단 음식, 기름진 음식, 독성물질이 함유된 음식을 먹으면 신장이 손상되어 혈액을 거르지 못한다. 과도한 성생활도 신장, 부신 기능에 악영향을 끼쳐 해독 기능을 떨어뜨린다. 신장 건강을 위해서는 담백한 음식 섭취가 기본이며, 해삼, 새우, 굴, 참깨 등 신장을 보호하는 영양소가 풍부한 식단이 좋다.

[최후의 보루, 폐]

독소를 거르려면 폐도 건강해야 한다. 대기오염이 심해지면서 폐의 건강이 더욱 중요해졌다. 폐가 늘 촉촉한 상태로 건강하게 유지되어야 몸에 들어온 독소물질을 걸러내 바로 배설할 수 있다. 그러나 폐가 건조하거나 열을 받으면 독소물질이 폐의 모세혈관을 타고 몸 안에 들어간다. 폐의 건강을 위해서는 도라지, 더덕, 호두, 잣, 땅콩, 무 등의 식재료로 차린 식단이 좋다.

내 몸의 해독 능력 최대화하기

야생에서 살아가는 동물은 천적의 위협에 노출되어 있기는 하지만, 인간이나 인간과 함께 살아가는 애완동물보다 훨씬 건강하다. 암도 없고 비만도 없으며, 고지혈증이나 고혈압도 없다. 왜 그럴까?

자연이 주는 천연 음식을 필요한 만큼만 먹어 충분히 소화하기 때문에 몸에 독소가 쌓일 일이 없다. 먹이 활동을 하거나 천적을 피하려면 활동적일 수밖에 없어서 비만이 생길 리도 없다.

무병장수의 상징 동물인 학이나 거북은 평소에는 창자가 거의 텅 비어 있다고 한다. 필요한 만큼만 먹어 완전 소화를 하니까 몸에 노폐물이 남지 않아 독소가 생기지 않으니, 무병하고 장수하는 것이다.

우리 몸은 뛰어난 적응력과 회복력을 내장하고 있어서 뼈가 부러지면 다시 붙고, 피부가 상해서 출혈을 하면 지혈이 되고, 이물질이 있으면 배출해내고, 문제가 있으면 신호를 보내는 등 신비한 자가 치유력을 지니고 있다. 그래서 많은 경우에 인위적으로 치료하지 않고 그냥 둬도 시간이 지나면 저절로 낫는다. 그런데 약물을 사용하여 치료하면 그 약물에 적응하면서 회복이 된다. 이런 치료가 반복되면서 우리 몸은 점점 약물에 의존하는 편한 방법을 원하게 되는 대신에 자가 치유력을 잃어간다. 우리 몸이 자생력을 상실해간다는 얘기다.

그런데 더 큰 문제는 약물에 함유된 방부제와 치료 효과를 높이기 위해 넣은 독성물질이 몸 안에 축적되어 또 다른 질병을 부른다는 사실이다. 이런 까닭에 인간이나 애완동물이 야생동물보다 건강하지 못하게 되는 것이다.

효소 부족으로 생기는 우리 몸의 질병들

그렇다면 만병의 근원인 우리 몸의 독소를 제거하고 면역력을 높이려면 어떤 식이요법이 좋을까? **가장 널리 권장되고, 또 탁월한 효과를 보이는 방법이 '효소' 치유법이다.** 방법도 비교적 간단하다. 효소가 풍부하게 함유된 음식을 꾸준히 섭취하면 된다.

효소는 생물체 내에서 반응 속도가 느린 화학반응을 촉진하는 단백질로, 크게 소화효소와 대사효소로 나뉜다. 비타민과 미네랄은 효소의 작용을 돕는 보조효소다.

소화효소는 가수분해의 과정을 통해 동물의 소화관 내에서 음식물 속의 고분자 유기화합물을 저분자 유기화합물로 분해하는 효소를 말한다. 동물이 섭취한 음식물 속에는 분자량이 매우 큰 고분자 유기화합물이 많은데, 큰 분자량 때문에 소화관의 세포막을 통과하지 못한다. 따라서 이런 물질이 소화관의 세포막을 통과하여 체내로 흡수되려면 분자량이 작은 저분자 물질로 분해되어야 한다.

대개 효소가 없는 상태에서는 소화 과정이 거의 이루어지지 않

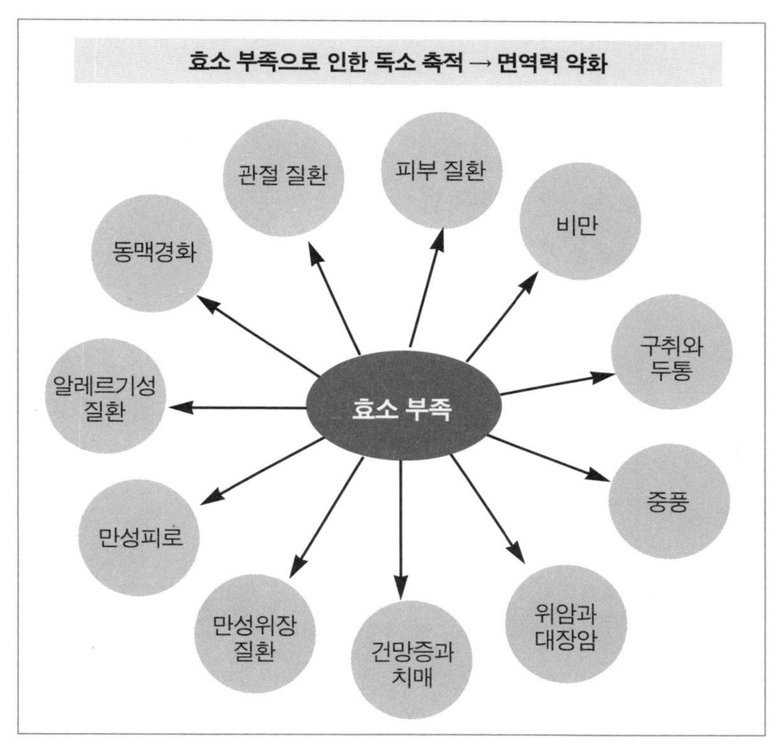

기 때문에 고분자 화합물은 분해되지 않은 채 배설된다. 체내의 화학반응은 효소로 인해 수천 배에서 수만 배까지 빠르게 작용하며, 소화효소 역시 마찬가지로 음식물 속의 고분자 물질을 매우 빠른 속도로 저분자 물질로 분해하여 흡수하기 쉽도록 돕는다. 소화는 대표적인 가수분해 작용의 예로, 이때 고분자 유기화합물이 저분자로 분해되기 위하여 물 분자가 반드시 첨가된다. 소화효소는 다른 효소들과 마찬가지로 단백질로 이루어져 있어 온도를 높이면 활성 능력을 상실하는데, 60℃ 이상에서는 효소

기능이 모두 없어진다.

대사효소는 우리 몸에 신진대사를 담당하는 효소다. **효소는 소화효소가 30%, 대사효소가 70%로 구성되어 있는데 과식으로 인해 소화효소가 부족하게 되면 대사효소를 끌어다 사용하게 된다. 그러면 대사효소가 부족해져 신진대사가 원활하지 못한 나머지 몸의 여기저기서 문제가 생기기 시작한다.**

씨앗의 원리를 예로 들면, 효소의 작용을 쉽게 이해할 수 있다. 밀은 발아할 때 탄수화물을 영양소로 사용하는데, 이때 효소가 작용한다. 잣은 발아할 때 지방을 영양소로 사용하는데, 이때도 효소가 작용한다.

이거 알아요! 씨앗의 원리와 항산화 효소

콩은 발아할 때 단백질을 영양소로 사용하는데, 역시 이때 효소가 작용한다. 이 씨앗에 열을 가하면 탄수화물, 지방, 단백질의 영양소는 그대로 있지만, 효소가 활동하지 않기 때문에 발아하지 않는다. 효소는 생명의 눈을 틔우는 열쇠라고 할 수 있다. 그러므로 온전한 영양소를 섭취한다는 것은 바로 이 효소를 섭취한다는 것과도 같다. 그러려면 생식을 해야 하는데, 일부 과일이나 채소 같은 음식 말고는 대부분 생식에 부적합하다. 그래서 음식을 발효하여 먹게 된 것인데, 효소를 섭취하기에 최적화된 방법이다.

세포의 발전소 역할을 하는 '미토콘드리아' 라는 세포의 소기관이 있다. 이 역시 효소 작용을 통해 우리 몸에 필요한 에너지를 만들어 낸다. DNA와 RNA를 함유하고 있고, 세포 호흡에 중요한 구실을 하는 미토콘드리아는 세포질 유전에도 관여한다.

이처럼 효소는 **우리 몸에서 다양하고도 중요한 촉매 역할을 하는데, 씨앗의 원리에서 말했듯이 생명의 시작도 효소로부터 시작된다.** 또 효소는 면역 기능을 높여서 질병을 예방하고 치유하고, 산소와 이산화탄소를 운반하며, 유전자를 치료하고 피로 해소에도 관여한다. 우리 몸이 피로한 이유는 몸에 독소가 쌓이기 때문인데, 이 독소를 해독하는 것이 간의 역할이다. 이 간의 기능과 활동도 효소를 통해 이루어진다. **한마디로 효소가 없으면 되는 일이 없을 정도다. 특히 항산화 효소의 역할을 빼놓을 수 없다.** 우리 몸에서 활성산소를 제어하여 피로 해소를 돕고 다양한 질병을 예방하는 중요한 역할을 한다.

활성산소는 주로 체내 세포의 대사 과정에서 생성되지만, 대기오염이나 흡연 같은 외부 환경의 오염으로도 생성되는 산소화합물이다. 정상 호흡 과정에서 대개 95%의 산소는 에너지를 만드는 데 사용되고, 5%는 활성산소를 생산한다. 활성산소는 우리 몸에서 여러 질병을 일으키고 노화를 촉진하는 원인이 되지만, 우리 몸에 침투한 세균이나 바이러스를 공격하는 유익한 역할을 담당하기도 한다. 따라서 활성산소는 적당량이 있으면 우리 몸의 건강을 돕는 우군이 되지만, 너무 많으면 우리 몸을 공격하는 치명적인 적군이 된다. 항산화 효소는 너무 많아진 활성산소를 해가 없는 물질로 바꿔줌으로써 활성산소의 무한 증가를 막아준다.

그렇다면 이런 소중한 효소를 우리는 어떻게 충분히 섭취할 수 있을까?

채소든 과일이든, 생선이든 육류든 우유든, 모든 식품은 열에 익혀 버리면 효소를 얻을 수 없다. 그래서 효소를 섭취하려면 식물성 음식을 즐겨 먹되, 부분만 먹지 않고 전체를 다 먹으며, 날것을 그대로 먹는다. 하지만 날것을 그대로 먹기에는 부담스럽거나 부작용이 염려되는 경우가 많다. 그래서 **효소를 섭취하는 가장 좋은 방법은 '발효 식품' 을 먹는 것이다.** 모든 발효 식품에는 효소가 풍부하다.

세계적으로 유명한 장수마을 사람들의 장수 비결을 추적한 결과 오염되지 않은 자연 환경에 사는 공통점이 있었지만, 더 눈에 띄는 공통점은 섭취하는 음식과 식습관에 있었다. **날것의 과일과 채소를 충분히 섭취하고, 좋은 물과 공기를 마시며, 소식(小食)을 실천하고, 전통적인 발효 식품을 꾸준히 섭취하는 것이다.**

효소를 섭취하는 데는 생식(生食)뿐 아니라 물도 중요하다. 좋은 물이 효소를 활성화해 효과를 극대화하는 역할을 하기 때문이다. 발효 식품에는 효소가 풍부하게 함유되어 발효 식품을 꾸준히 섭취하면 장내 미생물의 생태계가 균형이 잡히면서 건강해진다.

효소가 우리 몸에 중요한 이유는 서두에서 말했듯이 몸 안의 독소를 제거하는 해독작용 때문이다.

이거 알아요!

우리 몸속 독소 지수 점검표

(다음 항목 중 10개 이상에 해당하면 해독이 필요하다)

1. 평소에 음주와 흡연을 즐긴다. ☐
2. 회식을 자주 하고 숙면하지 못한다. ☐
3. 늘 몸이 찌뿌둥하고 쉽게 피로해진다. ☐
4. 기름진 음식과 가공식품을 즐겨 먹는다. ☐
5. 소변 색깔이 짙고 잔뇨감이 있다. ☐
6. 속이 더부룩하고 소화가 잘 안 된다. ☐
7. 두드러기가 나거나 가려움증이 심하다. ☐
8. 과도한 업무나 고민으로 스트레스가 심하다. ☐
9. 손발이 늘 저리거나 자주 붓는다. ☐
10. 생리통이나 변비가 심하다. ☐
11. 복부비만이거나 살이 잘 찐다. ☐
12. 아침에 일어나기가 힘들거나 계속 졸린다. ☐
13. 두통, 어깨결림 등 통증을 달고 산다. ☐
14. 더위나 추위를 유난히 많이 탄다. ☐
15. 감기에 잘 걸리거나 잔병치레가 잦다. ☐
16. 당뇨, 고혈압 등의 질병 전력이 있다. ☐
17. 성욕이 감퇴하거나 의욕상실의 징후가 있다. ☐
18. 자주 눈이 침침해진다. ☐
19. 얼굴에 기미와 여드름이 자주 생긴다. ☐
20. 많이 먹지만 활동량이 극히 적다. ☐

3. 체온 유지

다이어트의 답은 우리 몸의 온도, 즉 체온에 있다고 한다. 체온이랑 다이어트가 무슨 연관이 있다는 걸까?

체온은 몸의 신진대사와 밀접한 관련이 있다. **체온이 1도 낮아지면 신진대사율은 30%쯤 떨어진다.** 같은 음식을 먹더라도 체온이 1도 떨어지면 우리 몸은 신진대사 능력을 30%나 상실한다는 얘기다. 당연히 소화 · 흡수 능력이 떨어진 만큼 수분이나 지방이 체내에 쌓여 쉽게 살이 찌고 잘 빠지지 않는 체질이 된다. 그러니 체온은 비만과 밀접하게 연결되어 있다.

우리 몸이 온도, 즉 체온이 떨어지면 신진대사 능력도 함께 떨어진다. 신진대사란 섭취한 음식물을 몸 안에서 분해 · 합성하여 생명 활동을 유지하는 데 필요한 물질이나 에너지를 생성하고 불필요한 물질을 몸 밖으로 내보내는 전 과정을 말한다. 그런데 체온이 낮으면 신진대사가 원활히 이루어지지 못해 불필요한 수분과 지방이 쌓여 비만으로 이어진다. 따라서 체온을 높여 신진대사를 원활히 하고 기초대사량을 올리면 그 자체만으로도 비만 예방과 다이어트 효과가 상당하다.

의학계의 연구 결과에 따르면, 현대인의 평균 체온은 50년 전보다 1도나 낮아진 데다가 60% 이상이 정상 체온(36.5~37.2도)보다 1도 이상 낮은 저체온이다. 그런데도 사람들 대부분은 자신이 저체온인지도 모른 채 생활한다. 그러면서 열심히 이런저런 다이어트를 하는데, 근본 원인(저체온)을 놔둔 채 변죽만 울리는 셈이어서 다이어트가 제대로 될 리 만무하다. 그러므로 **체중만 열심히 잴 게 아니라 체온도 그에 못지않게 자주 재 저체온에 적절히 대응할 필요가 있다.** 저체온이 되면 우리 몸에 몇 가지 증상이 나타나는데, 무심히 지나치지 말고 특별히 신경 써서 저체온이 되지 않도록 체온을 관리해야 한다.

이거 알아요! 대표적인 저체온 의심 증상 10가지

1. 눈 아래 기미가 끼고 얼굴빛이 거무스름하다.
2. 배가 손보다 차다.
3. 눈물이나 콧물이 자주 흐른다.
4. 손발이 잘 붓는다.
5. 입술이 푸르스름하다.
6. 현기증과 두통, 어깨결림이 있다.
7. 생리통과 생리불순이 잦다.
8. 변비에 자주 걸린다.
9. 자주 우울감을 느낀다.
10. 자다가 중간에 자주 잠을 깬다.

그럼 왜 비만 해소나 다이어트에는 몸을 따듯하게 유지하는 것이 가장 중요한지 원리를 알아본다.

비만은 몸의 가장 작은 조직인 세포와 깊은 연관이 있다. 건강한 몸은 피부에 윤기가 흐르고 탄력이 넘친다. 그래서 피부를 보면 몸이 건강한지 아닌지 알 수 있다. "피부 미인이 건강 미인"이라는 광고 문구는 건강에 관한 중요한 사실을 대변하는 셈이다.

피부가 건강하다는 것은 결국 세포가 건강하다는 의미다. 세포가 건강해야 우리 몸은 정상 온도를 유지하고 활력이 넘친다. 그렇다면 비만에 걸린 사람의 세포는 어떤 상태일까?

비만을 풀어 말하면, 죽은 세포를 지방이 감싸고 있는 상태라고 할 수 있다. 죽은 세포는 자가 발열 능력을 상실하여 차갑게 굳어버린 세포를 말한다. 이런 굳은 세포가 겹겹이 쌓여서 부으면 몸집은 커지지만, 뱃속은 차가워져 체온이 낮아지고 그에 따라 신진대사에 장애가 생겨 체력은 급격히 떨어진다. 비만은 한마디로, 차갑게 죽은 세포가 지방을 연소시키지 못해 생기는 질병이다.

지방은 우리 몸의 자연스러운 일부로, 몸이 따듯해 세포가 건강하면 잘 분해되고 충분히 연소하므로 비만을 일으킬 이유가 없다. 그러나 체온 저하로 세포가 건강하지 못하면 지방을 분해하고 배출하는 능력이 떨어져 그때부터 지방이 죽은 세포를 끌어안고 몸에 쌓이기 시작한다. 그러므로 세포를 건강하게 치유하지 않는 한, 지방흡입술 같은 외과적 다이어트 시술은 물론이고 백 가지 다이어트 방법이 무용지물이다. 따라서 **비만 치료나 다이어트에 성공하려면, 무엇보다 필요한 것은 '따듯한 온도' 다.** 우리 몸이 늘 정상 체온을 유지하도록 신경 써야 한다. 그러려면 식습관을 비롯한 생활 습관을 따듯한 체온을 유지하는 방향으로 개선할 필요가 있다. 게다가 병원 처방의 약을 줄이는 것도 도움이 된다. 질병의 증상을 약물로 다스리는 버릇을 하면 화학약품이 체온을 떨어뜨려 정상 세포의 활동을 방해한다.

더구나 최근 유행하는 다이어트 방법들 대부분이(본의는 아니겠지만) 체온을 떨어뜨리는 방법이라는 점에 유념할 필요가 있다. 만병통치약으로 통용되는 운동만 해도 덮어놓고 할 일이 아니다. 적당한 운동은 좋지만 무리한 운동은 우리 몸의 열을 지나치게 방출하여 체온을 떨어뜨린다. 게다가 무리한 운동 후에는 땀을 많이 흘리거나 목이 탄다고 해서 차가운 음료를 들이붓듯 마시는데, 체온을 더 떨어지게 하는 나쁜 습관이다.

겨울철 영하로 떨어진 날씨에 장시간 야외 운동을 하는 것도 체온을 떨어뜨려서 운동 효과보다는 체온을 떨어뜨린 부작용이 더 크다. 그러므로 운동은 적당히 하되 차가운 음료는 피하고, 겨울철 몹시 추운 날씨에는 외출을 삼가고 실내운동으로 대신해야 한다.

사는 곳이 추운 지역일수록 그곳 주민은 염분을 많이 섭취하거나 알코올 도수가 높은 독주를 즐긴다. 체온을 따뜻하게 유지하는 데 필요하기 때문이다. 특히 소금은 중요한데, 몸을 따뜻하게 하는 효과 외에도 세포의 삼투압이나 체액의 pH를 조정하고 신경전달과 근육 수축에 꼭 필요하며 소화액의 재료가 된다. **짜게 먹으면 안 좋다고 해서 무조건 소금을 멀리하면 저체온증에 걸려 비만을 비롯한 각종 질병에 시달리게 된다.** 뭐든 지나치면 나쁘다는 것이지, 적당하면 약이 된다. 소금 역시 건강한 몸을 지키는 데 없어서는 안 될 식품이다.

또 몸을 따뜻하게 하는 음식이나 방법에는 뭐가 있을까?

생강과 같은 뿌리채소가 뛰어난 효과를 발휘한다. 생강을 먹으면 금세 몸이 따뜻해지고 땀이 난다. 생강을 날로 먹기는 불편하므로 김치 같은 반찬 음식에 생강을 충분히 넣어 먹거나 생강차를 끓여 수시로 마시면 좋다.

생강 다음으로 당근 역시 몸을 따뜻하게 하는 효과가 있다. 당근의 그리스어 학명은 "몸을 따뜻하게 한다"는 의미다. 한의학에서도 붉은 뿌리채소는 몸을 따뜻하게 하는 용도로 처방하고 있다. 과일 중에는 몸을 차갑게 하는 것이 많은데, 사과도 그런 성질이 있다. 그런데 북쪽 지방에서 나는 사과는 반대로 몸을 따뜻하게 한다. 이 사과와 당근을 함께 갈아 만든 주스는 몸을 따뜻하게 할뿐더러 인체에 필요한 비타민과 미네랄을 공급한다.

이거 알아요! **몸을 따듯하게 유지하는 생활 습관**

1. 피로를 바로바로 풀어 편안한 몸 상태를 유지한다.

피로는 바로 풀지 않고 놔두면 쌓인다. 피로가 쌓이면 오장육부의 세포가 차가워져 활력을 잃게 된다.

2. 온수 목욕으로 체온을 보존한다.

피로를 해소하는 데는 따듯한 물에 몸을 푹 담그는 것이 좋다. 온수 목욕을 하면 체온이 올라 혈액 순환이 잘 되고, 땀이 나서 막힌 곳이 뚫린다. 온수 목욕 후에는 음료도 따듯하게 해서 마시는 것이 좋다.

3. 운동은 체력에 맞게 적당히 한다.

무리한 운동은 몸의 열을 지나치게 방출하는 데다가 뱃속 온도를 차게 하므로 좋지 않다. 그래서 운동할 때는 호흡이 중요하다. 바른 호흡법으로 운동 효과도 높이고 뱃속 온도도 보호하도록 한다.

4. 환절기나 혹한기에는 따듯하게 입고 외출을 삼간다.

온도 변화가 심한 환절기에는 체온도 오락가락 갈피를 못 잡는다. 이때 체온을 일정하게 유지하는 노력이 필요하다. 혹한기에 외출을 삼가되 피치 못할 때는 옷을 여러 겹 껴입어 체온을 보호한다. 같은 두께라도 두꺼운 옷 2겹보다는 얇은 옷 4겹이 보온효과가 훨씬 크다.

5. 과식하지 않는다.

식사는 배가 부르지 않도록 자기 양의 80%쯤에서 그친다. 그래야 소화가 잘 되어 배에 가스가 차지 않고 노폐물이 남지 않아 독소가 생기지 않는다. 당연히 체내의 세포가 건강하게 유지된다.

6. 잘 때 배와 발을 따듯하게 한다.

밤에 잘 때 특히 배나 발이 찬 기운에 노출되면 체온이 떨어지기 쉬워 문제가 생긴다.

5장

몸을 따뜻하게 하고 체내 독소를 없애는 성분은 무엇이 있는가?

세상의 수천, 수만 가지나 되는 약성 식품 가운데 흰민들레, 발효삼채, 시서스, 핑거루트, 새싹보리 등 5대 식품이 다이어트 식품으로 유난히 주목받는 이유는 그만큼 다이어트 효과에 뛰어난 성분이 풍부하기 때문이다. 이 5대 식품은 각기 따로 음식 재료로도 활용되지만, 다양한 다이어트 제품으로 개발되어 시판되고 있다.
이런 제품들 대부분은 적잖은 단점을 갖고 있을뿐더러 요요현상까지는 방지하지 못하는 것으로 알려졌다.
그런데 이 5대 성분을 모두 조화시킨 거의 완벽한 다이어트 제품이 출시되어 널리 비만 고민을 해소하고 있는 것으로 알려졌다.

1. 체온 유지와 해독 작용에 탁월한 성분

몸을 따뜻하게 해주는 음식을 꾸준히 섭취하면 면역력이 강해져 감기를 비롯해 각종 질병을 예방할 수 있다. **우리 몸의 건강에서 가장 중요한 변수는 체온이다.** 체온이 평균인 36.5도에서 1도만 떨어져도 면역력은 30%가 떨어진다. 반면에 체온이 올라가면 혈액의 흐름과 효소 작용이 활발해져 면역력을 높일 수 있다.

몸을 따뜻하게 해주는 음식으로는 쉽게 구해 먹을 수 있는 생강, 계피, 고추, 단호박, 파, 부추, 마늘, 쑥, 검은콩, 미나리 등을 들 수 있다.

생강은 말초혈관의 혈액 순환을 도와 몸을 따뜻하게 해주며, 구토 증세를 억제하는 효과도 있어 멀미약 대신 먹어도 좋다. **계피**는 생강과 같은 성분으로 특히 수족냉증 질환에 좋고, 따뜻한 기운을 온몸에 퍼트려 면역력을 키워준다. 또 소화기 질환에도 좋고, 자궁을 따뜻하게 해주어 생리통과 생리불순을 완화하기도 한다.

고추에는 캡사이신 성분이 있어 혈액 순환을 원활하게 도와주며, **파와 부추**에 있는 알리신 성분 역시 몸을 따뜻하게 해준다. **단호박** 역시 몸을 따듯하게 해주고, 비타민과 무기질이 풍부하여 감기 예방에도 좋다. **마늘**은 살균 작용과 항암 작용을 하고, 빈혈 등 여러 질환에 좋으며, 체온을 보존하여 면역력을 높여주고 신진대사를 활발하게 해준다. **쑥**은 몸이 찬 사람에게는 꼭 필요한 음식으로, 여성의 수족냉증이나 생리불순 치유에 특효가 있다. **검은콩**은 몸을 따뜻하게 할뿐더러 안토시아닌 성분의 강력한 항산화 작용으로 노화 방지에 특효가 있다. 그리고 혈액 순환을 원활하게 하며 갱년기 여성의 냉증을 비롯한 각종 질병 예방에 효과적이다.

미나리는 중금속과 같은 인체 유해물질을 몸 밖으로 배출시켜 피를 맑게 해주고 간 기능을 회복시켜 원기 회복 및 숙취 해소에도 아주 좋다. 혈액 순환을 원활하게 해 심혈관계 개선에 도움이 되며, 몸을 따뜻하게 하고 차가운 기운을 밖으로 내보내 여성 냉증에도 좋다. 이런 식품은 일상에서 쉽게 접할 수 있는 것으로, 꾸준히 섭취하면 체온을 따뜻하게 유지해주므로 비만 예방뿐 아니라 고른 영양소 섭취에도 좋다.

하지만 비만 예방, 나아가 다이어트 효과로 보면 이런 식품들을 월등히 뛰어넘는 탁월한 식품들이 있다. **체온 유지는 물론이고 널리 다이어트 식품으로 호평받고 있는 식품으로는 흰민들레, 발효삼채, 시서스, 핑거루트, 새싹보리 등 다섯 가지가 대표적이다.**

일찍이 《동의보감》에서도 그 탁월한 효능을 기록한 흰민들레는 뿌리가 수직으로 뻗고 검은 갈색을 띠는 것이 특징이다. 노란

꽃이 피는 민들레에 비해 하얀 꽃이 핀대서 흰민들레라고 하는데, 희귀하기도 하지만 약성이 뛰어나다. 흰민들레의 약효를 꼽자면 열 손가락으로도 모자랄 만큼 풍부하다. 염증 치유와 간 해독에 특효가 있고, 풍부한 항산화 성분을 함유하고 있다. 그 밖에도 눈, 면역력, 기관지, 혈관 건강에 뛰어난 약효를 보인다.

■ 흰민들레의 효능

염증 완화 작용	염증 완화에 효능이 뛰어난데, 특히 위장에 좋은 흰민들레 잎은 식도염이나 위염을 다스리는 데 탁월한 효능을 보인다.
간 해독 작용	콜린과 실리마린 성분, 특히 타우린 성분을 풍부하게 함유하고 있어서 간 건강에는 최고의 식물로 알려졌다.
항산화 작용	세계의 3천 가지 약용 식물 중에서 가장 약효가 뛰어난 5가지 식물에 선정된 배경에는 어떤 식물보다 풍부하게 함유된 항산화 활성 물질 폴리페놀 성분이 있다.
시력 보호	비타민A와 루테인이 풍부하게 함유되어 눈 건강에 뛰어난 효능을 보일뿐더러 야맹증 치료제 개발에도 활용되고 있다.
면역력 강화	플라보노이드와 다양한 비타민 성분이 풍부하여 혈액 순환을 촉진하고 면역력을 강화한다. 겨울철 감기 예방에도 좋다.
기관지 보호	가래 배출을 촉진하고 기관지를 보호한다. 차로 우려먹거나 즙으로 먹으면 호흡기와 기관지 보호에 도움을 받을 수 있다.
혈관 건강 증진	시토스테롤 성분이 함유되어 나쁜 콜레스테롤 수치를 낮춰준다. 혈관의 노폐물 배출을 촉진하여 혈관 환경을 쾌적하게 한다.
부기 완화 효능	칼륨 성분이 높아서 이뇨 작용을 원활하게 한다. 따라서 부종과 부기를 빼는 데 효과적이다.

다음은 발효삼채다. 삼채는 그 자체로도 뛰어난 약효를 자랑하는데 발효삼채는 말할 것도 없다. **삼채에는 주성분인 식이 유황이 마늘의 6배, 사포닌이 인삼의 60배나 함유되어 있어서 탁월한 세포 재생 효능을 보인다.**

그 밖에도 삼채는 당뇨, 고혈압뿐 아니라 숙취, 피부병, 변비 등에도 효능이 있고, 비타민A, 비타민C, 칼슘, 철분 등이 풍부하여 항염 작용, 항암 작용, 정력 증강, 혈액 순환 촉진 효과도 뛰어나다.

미얀마와 히말라야 고산지대가 원산지인 삼채는 달고, 맵고, 쓴 세 가지 맛이 난다고 해서, 다시 말해 마늘 맛, 부추 맛, 파 맛을 두루 가졌다고 해서 삼채(三菜)라고도 하고, 인삼의 어린뿌리와 모양과 맛이 비슷해 삼채(蔘菜)라고도 한다.

■ 발효삼채의 효능

통풍 예방	염증을 유발하여 심한 통증을 일으키는 질환이 통풍이다. 통풍의 원인 성분인 퓨린을 몸 밖으로 배출하여 통풍을 예방하고 치유하는 데 도움을 준다.
골다공증 예방	칼슘과 유황이 풍부하게 함유되어 골밀도를 높여주고 관절염 예방에도 효능을 보인다. 특히 성장기 아이의 골격과 치아를 형성하는 데 특효가 있다. 모발 뿌리 건강에도 좋아 탈모 걱정도 덜어준다.
피부미용 효능	유황이 풍부하게 함유되어 피부 노폐물을 제거해 주고 피부 재생을 도와 피부의 탄력을 유지해준다. 주근깨, 기미, 검버섯 등 피부질환 예방 효과도 있다.

당뇨 개선	풍부한 식이 유황 성분이 췌장의 기능을 증진하여 인슐린 분비를 촉진하고, 체내 혈당의 급격한 상승을 막아 당뇨를 개선한다.
혈관 건강 증진	나쁜 콜레스테롤 수치를 낮춰 혈액을 정화하고 혈전을 분해를 촉진한다. 모세혈관을 확장하여 동맥경화, 고혈압, 심근경색, 뇌졸중과 같은 질환을 예방하고 치유한다.
항암 작용	다량 함유된 사포닌 성분이 식이유황 성분과 함께 세포를 손상하는 활성산소를 제거하고 새로운 세포 생성을 돕는다. 중금속과 같은 유해물질의 해독과 배출을 촉진하여 항암작용을 한다.
면역력 강화	풍부한 사포닌 성분이 면역력을 강화하고 혈액 순환을 촉진하여 피로 해소를 돕는다.
변비 예방 및 치유	식이섬유가 풍부하여 변비 예방과 개선에 탁월한 효과가 있다. 꾸준히 섭취하면 숙변을 제거하여 독소를 몸 밖으로 배출하는 효과도 있다.

다음은 시서스(Cissus)인데, 그리스어로 '담쟁이덩굴' 이라는 뜻이다. 남아시아와 아프리카 지역이 원산지인 포도과의 식물로, 일찍이 약용으로 쓰여왔다. 최근 들어 체중 감량 효과가 뛰어난 것으로 밝혀져 다이어트에 활용되기 시작했다.

화분에 심어 사무실이나 거실에 걸어두면 줄기가 자라 벽을 타고 올라가는 성질이 있는데, 특히 오존에 민감하여 오존 경보장치 역할을 한다.

■ 시서스의 효능

호흡기 건강 증진	호흡기 계통의 질환에 특효가 있어 천식의 예방과 개선에 좋다.
당뇨 개선	갖가지 항산화 성분을 함유하고 있어 혈당 수치를 떨어뜨리는 항당뇨 효과가 탁월하다.
면역력 향상	비타민C로 알려진 아스코르브산이 풍부하여 백혈구 생성을 촉진하고 면역력 향상에 효능을 보인다.
생리통 개선	'행복 호르몬' 으로 불리는 세로토닌을 증가시켜 통증을 완화하는데, 특히 여성의 생리통 완화에 뛰어난 효능을 보인다. 갱년기에 나타나는 감정 기복, 우울증 완화에도 도움을 준다.
항염 작용	풍부한 비타민C 성분이 염증과 통증을 완화한다. 특히 치질 증상 치유에 뛰어난 효능을 보인다.
혈관 건강 증진	대사를 조절하는 성분이 있어 혈중 콜레스테롤 수치를 낮추는 효과가 있다. 혈관을 건강하게 지켜 뇌졸중, 심근경색, 동맥경화, 심장마비 등과 같은 심혈관 질환을 예방한다.
뼈 건강 증진	뼈를 튼튼하게 하는 케토스테론 성분이 상한 뼈를 치유하고 뼈 성장을 돕는다. 또 골밀도 손실을 줄여 골다공증 질환을 예방한다.
다이어트 효과	식욕을 제한하고 신진대사를 자극하여 체내 열량 소모를 촉진하는 한편 영양소의 효율적 사용을 돕는다. 렙틴 호르몬을 조절해 지방세포 속의 지방을 분해하는 효과가 탁월하다.
치매 예방	뇌세포의 노화를 제한하고 기억력을 증진한다. 뇌에 산화된 산소가 공급되는 것을 막아 치매를 예방한다.
노화 예방	활성산소를 제거하여 노화의 진행을 늦춘다.

핑거루트(Fingerroot)는 사람 손가락 모양을 닮은 뿌리 식물이라는 뜻이다. 열대우림이 원산지인 생강과의 식물로 다년생이며 갈라진 다육질의 뿌리줄기를 갖는다. 핑거루트에는 판두라틴 성

분이 풍부해서 체지방 분해와 피부 노화 개선에 효능이 뛰어나다. 향신료와 식품 재료로도 사용되는데, 생강차 처럼 차로 마셔도 좋다.

■ 핑거루트의 효능

염증 완화	판두라틴 성분이 풍부해서 염증을 완화하는 효능이 뛰어나다. 또 셀룰라이트 성분이 지방세포에 생기기 쉬운 염증을 완화한다.
체지방 분해	판두라틴 성분이 우리 몸속에 있는 AMPK 효소를 활성화하여 체지방 분해를 돕고, 지방세포가 커지는 것을 막아 다이어트 후의 요요를 방지한다.
피부미용 효능	판두라틴 성분이 콜라겐 합성 증가를 도와 피부를 매끈하고 촉촉하게 지켜주는 효능이 뛰어나다.

끝으로, 새싹보리다.

보리 씨앗이 발아하여 15~20cm 정도 자란 새싹을 새싹보리라고 한다. 이 새싹보리에는 칼슘, 칼륨, 식이섬유, 필수 아미노산 등이 풍부하게 함유되어 있다. 새싹보리의 효능을 최대한으로 취하려면 뿌리까지 먹는 것이 좋다.

■ 새싹보리의 효능

다이어트 효능	새싹보리는 열량이 낮고 폴리코사놀 성분을 함유하고 있어 중성지방의 생성 및 합성을 억제하고 지방 분해를 촉진한다. 식이섬유와 각종 미네랄, 비타민 성분이 풍부해서 신진대사를 촉진하고 독소와 노폐물 배출을 도와 다이어트에 탁월한 효능을 보인다.
장 건강 증진	고구마의 20배나 되는 식이섬유를 함유한 새싹보리는 장 운동과 배변 활동을 촉진하여 변비를 예방하고 개선한다. 장 건강을 증진하여 면역력을 높이고 장염을 예방한다.
당뇨 예방 및 개선	베타글루칸 같은 혈당 조절 성분이 풍부하여 비만, 당뇨 등의 예방과 치유에 탁월한 효능을 보인다.
혈관 건강 증진	폴리페놀과 폴리코사놀 성분이 혈관 내 나쁜 콜레스테롤 수치를 내려 혈액을 맑게 보전한다. 이른바 '혈관 청소부' 로서 혈액 순환을 촉진하여 고혈압, 심근경색, 동맥경화 같은 혈관질환을 예방한다.
피부 보호	대표적인 노화 방지 효소인 SOD 효소를 풍부하게 함유하여 항산화 작용을 통한 활성산소 제거로 노화를 방지한다. 또 풍부한 비타민C가 세포 조직의 재생과 피부 보호를 돕는다.
면역력 증진	사포닌, 엽록소, 클로로필 등의 성분이 체내 독소와 노폐물을 제거하고 신진대사를 촉진해서 면역력을 높인다. 폴리페놀, 플라보노이드 같은 항산화 성분이 노화를 막아주고 각종 성인병을 예방한다.
항암 작용	풍부한 항산화 물질이 활성산소를 억제하여 항염작용을 한다. 암세포의 확산을 억제하는 한편 사멸을 촉진하는 강력한 항암작용으로 암을 예방한다.
간 기능 증진	폴리코사놀, 사포나린 같은 성분이 풍부하여 콜레스테롤 수치를 낮추고, 독소 배출을 촉진하는 한편 간세포를 활성화하여 간 기능을 증진한다.
뼈 건강 증진	칼슘, 인, 망간, 구리와 같은 뼈 건강에 좋은 성분이 풍부하다. 칼슘 성분은 우유의 11배나 된다. 골다공증 질환 예방에 특효를 보이며, 각종 미네랄 성분이 아이의 성장을 돕는다.
빈혈 개선	시금치의 24배나 되는 철분이 빈혈로 인한 어지럼증이나 피로를 개선하는 데 특효를 보인다. 다시 말해, 조혈 작용을 촉진하여 빈혈을 예방하고 개선하는 효능이 있다.

2. 최고의 다이어트는 제대로 섭취해야 한다

건강에 좋다는 다양한 식재료가 요리에 적용되고, 나아가 각종 건강 보조제로 개발되어 시중에 판매되고 있다. 건강 보조제 중에는 다이어트 제품의 비중이 갈수록 늘고 있다. 그만큼 비만으로 고민하거나 날씬한 몸매를 희망하는 사람이 많아지고 있다는 방증이다.

그런데 **세상의 수천, 수만 가지나 되는 약성 식품 가운데 흰민들레, 발효삼채, 시서스, 핑거루트, 새싹보리 등 5대 식품이 다이어트 식품으로 유난히 주목받는 이유는 뭘까**? 그만큼 다이어트 효과에 뛰어난 효능을 보이는 성분이 풍부하기 때문이다.

이 5대 식품은 각기 따로 음식 재료로도 활용되지만, 다양한 건강 보조제나 다이어트 제품으로 개발되어 시판되고 있다. 이 5대 식품 가운데 2~3가지 성분을 혼합하여 개발된 다이어트 제품은 몇 가지 시판되고 있다. 그러나 이런 제품들도 다소의 단점을 드러내고 있을뿐더러 요요 현상까지는 완벽하게 방지하지 못하는 것으로 알려졌다.

그런데 이 5대 성분을 모두 조화시킨 거의 완벽한 다이어트 제품이 출시되어 널리 비만 고민을 덜어주고 있는 것으로 알려졌다. 이 제품이 선풍적인 인기를 끌게 된 이유는 다이어트 효과는 물론이지만 요요 현상까지 방지해주고 우리 몸의 전체적인 건강까지 증진해주기 때문이다. 시판된 이후 섭취해온 소비자들 사이에 숱한 다이어트 성공담이 입소문으로 퍼져 다른 제품들과는 비교할 수 없을 정도로 높은 신뢰를 얻고 있는 것도 같은 이유다.

디톡스 해독차로 알려진 이 제품은 '해독 다이어트' 제품으로, 다이어트 시장에 지각변동을 일으킬 만큼 엄청난 호응을 얻고 있다. 이 획기적인 제품은 공복과 체온의 중요성을 일깨우는 다이어트 방법으로 기존의 다이어트에 관한 편견을 모두 깨뜨리면서 다이어트의 개념과 역사를 새롭게 써나가고 있다. 무엇보다 체온을 보호하고 몸 안의 독소를 말끔히 배출하는 방법이다 보니 다이어트와 동시에 우리 몸의 고질병까지 크게 개선되어 몸 전체의 건강이 좋아진다는 점이 획기적이다.

이 복합 제품에 사용하는 5대 식품 성분의 효능은 농촌진흥청 연구개발 특허기술을 이전받아 추출한 것으로, 모두 국내산 천연 재료로 국내에서 제조하는 것으로 알려졌다.

특히 이 제품은 디톡스 한방 해독차로 비만 치유뿐 아니라 **청소년 비만 탈출 프로젝트**로 특허출원되어서 특허청에서 특허기술을 인정받은 것으로도 유명하다.

이 제품은 내장지방을 분해하는 데 탁월한 효능이 있는데, 체중에 상관없이 꾸준하게 섭취하면 피부가 맑아지고 체지방이 빠지면서 근육은 보존된다.

체중 감량을 원한다면 아침에 2포, 점심에 소식하고 1포, 저녁에 2포를 섭취한다. 다이어트에 더 집중하고 싶다면 식사량을 줄이는 대신 섭취량을 조금 늘려도 좋다. 다이어트에 최적화된 식품이지만, 우리 몸에 필요한 각종 영양소가 풍부하기 때문이다. 그러면 몸 안의 독소가 배출되면서 장 운동이 활발해지고 체지방 분해 능력이 배가되어 지방이 빠지면서 배가 들어가고 몸이 가벼워진다.

중요한 것은, 적당한 운동과 함께 꾸준히 섭취해야 효과를 배가할 수 있다는 점이다. 다이어트는 살을 빼는 것도 중요하지만, 근력을 키우는 것도 그에 못지않게 중요하다. 진정한 다이어트는 날씬한 몸매와 더불어 건강한 몸을 얻는 것이기 때문이다. 몸매만 얻고 건강을 잃는 것은 다이어트라고 할 수 없다.

6장

건강을 되찾은 사람들

"최근에 한 건강검진 결과도 안 좋은데다가
늘 피곤을 달고 살던 나는 이거다 싶어 열심히 섭취했습니다.
산 증인이 권유하는 것이니 의심할 것도 없었어요.
과연 섭취한 지 3개월 만에 몸무게가 10kg이나 빠지면서
내장지방 수치가 13에서 정상인 7까지 내려가고,
32%이던 체지방 비율이 23%까지 내려갔습니다.
또 숙면하게 되니 아침에 알람이 울리기도 전에
몸이 알아서 일어날 정도로 날아갈 듯 가벼워졌습니다."

1. 섭취 과정에서 일어나는 호전반응

앞에서 말한 복합 성분 다이어트 제품을 섭취하는 가운데 뜻하지 않은 몸의 변화를 겪게 되면 부작용은 아닌지 덜컥 겁이 나고 염려가 될 수 있다.

하지만 이 제품은 한꺼번에 많은 양을 과용하지만 않는다면, 우리 몸에 거부반응이나 부작용을 일으킬 일이 전혀 없는 유익한 천연물질로만 이루어져 있어서 노약자는 물론 임신부나 산모도 일상적으로 섭취해도 좋다.

그러므로 섭취하는 중이나 섭취 후에 일어난 몸의 변화는 부작용이 아니라 호전반응인 경우가 대부분이다. **섭취한 영양소의 도움을 받아 우리 몸이 비만과 싸우고, 그 과정에서 발생하는 몸의 변화가 바로 호전반응이다.** 이는 비만이 제대로 치유되고 있다는 긍정 신호이므로 그다지 염려하지 않아도 된다.

■ 섭취 시 일어나는 호전반응

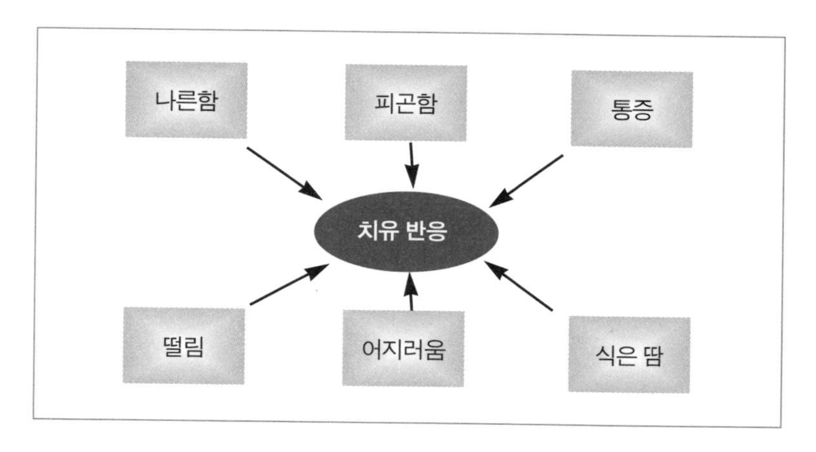

호전반응은 같은 물질을 섭취하더라도 사람에 따라 저마다 기간과 정도에서 차이가 날 수 있다. 비만 정도가 심할수록 비만이 개선되는 강도도 크므로 호전반응도 그만큼 강하게 나타날 수 있다. 특히 오랫동안 질병을 앓았거나 극심한 비만 상태로 지낸 사람이라면 몸속에 노폐물과 독소가 매우 많이 쌓여 있어서 그것이 배출되는 과정에서 몸살이 날 수도 있다. 앓던 이가 쏙 빠지는 순간 강한 통증이 오는 것과 같은 이치다.

구체적으로 몸이 노곤해지거나 변비나 설사, 발한 등의 급성과민반응이 나타날 수 있는데, 역시 호전반응의 한 현상이다. 오랫동안 무너져 있던 체내 건강의 균형을 회복하는 과정에서 일시적으로 일어나는 증상으로, 시간이 지나면 자연히 사라진다.

호전반응은 피부 가려움증이나 습진의 형태로 나타나기도 한다. 우리 몸 안의 노폐물이나 독소는 대개 설사나 출혈과 같은 배설작용으로 배출되지만, 피부로 배출되기도 하기 때문이다. 그 밖에 가벼운 경련이나 두통, 잦은 방귀도 호전반응에 해당한다.

■ 증상에 따른 호전 반응

혈관계 질환	호흡이 짧아지고 불규칙해지거나 어지럼증이 온다.
당뇨	당분 배출이 일시적으로 늘어나거나 손에 물집이 잡힌다.
기관지 질환	구토, 어지럼증, 건조증, 담 증가와 변색 등의 증상이 온다.
간 질환	피부 가려움증, 발진, 갈증, 졸음, 구토, 황달, 혈변 등의 증상이 온다.
위 질환	답답증, 구토, 설사 등의 증상이 온다.
신장 질환	신장 부근의 통증, 소변의 변색 또는 배출량 증가 증상이 온다.
피부 질환	예민한 피부에는 초기에 가려움증이 올 수 있다.

2. 내 몸이 달라졌어요!

유진용 _충남 천안, 42세, 남

15년째 보험설계사로 일하고 있는 나는 직업 특성상 많은 사람을 많이 만나면서 술자리가 잦아지다 보니 살이 찌고 건강도 크게 나빠졌습니다. 15년간 체중이 20kg이나 늘어 94kg의 거구가 되고 말았지요. 더 살찌는 것을 막으면서 있는 살을 덜어보려고 10년 전부터 비싼 비용을 치러가면서 별의별 다이어트 프로그램에 참여했지만, 결과는 늘 '그때뿐' 이었습니다. 체중이 다이어트를 할 때만 반짝 빠졌다가 금세 다시 돌아오는 요요 현상의 반복이었습니다. 몸무게는 오히려 갈수록 늘어났지요. 10년간이나 헛고생하면서 헛돈 쓴 겁니다.

그런데 늦게나마 이 복합 성분 다이어트 제품을 섭취하게 되면서 비로소 '비우는 다이어트' 의 효과를 알게 되었습니다. 식사대용으로 하루 1~2회 편하게 마시는 이 제품 덕분에 세상 쉽고 편한 다이어트를 시작하게 된 것이지요. 50일간, 지금까지의 식습관과 일상을 그대로 유지하면서 이 제품을 섭취하는 것만으로도 몸무게가 6.5kg 빠지고, 체지방은 5% 줄어드는 대신 근육량은 2kg이 늘었습니다. 복부지방 비율이 정상으로 돌아오고요. 정말 놀라운 변화였습니다.

게다가 40대에 접어들면서 '고개 숙인 남자' 로 고민이 많았는데, 사흘에 한 알의 기적으로 그런 고민도 간단히 해결되었습니다. 다이어트 혁명이 내 인생을 바꿔놓았어요.

3. 뒤늦게 되찾은 젊음

이우진 _경남 창원, 62세, 남

나는 어렸을 때부터 자주 다쳤습니다. 다섯 살 무렵에는 넘어져서 눈 밑이 찢어지고, 스무 살 무렵에는 교통사고로 얼굴의 4분의 3이 아스팔트에 갈려 석 달을 입원했습니다. 군 복무 중에는 이유를 알 수 없는 허리 통증으로 앉아 있을 수조차 없어서 누운 채로 생활하면서 의무실에서 주는 마약성 진통제를 장기 복용했습니다.

제대 후 스물네 살 무렵에는 몸에 알레르기 반응을 나타나 고생한 이후 늘 항히스타민제를 주머니에 넣고 다녀야 했어요. 이때는 심한 두통까지 앓아서 신경안정제가 포함된 두통약을 1회 8정씩 하루 4~5회나 먹어야 했지요.

그러니 몸 상태와 건강이 말도 아니게 안 좋았어요. 그런 차에 이 복합 성분 건강제품 중 환으로 된 것을 섭취하면서 몸에 변화가 일어나기 시작했습니다. 통증에 민감한 내 몸은 여기저기 쑤시지 않는 곳이 없을 정도로 다양한 반응을 보였어요.

그렇게 몇 달이 지나자 호전반응이 끝나면서 몸이 호전되어 젊음을 되찾은 느낌입니다. 남성 기능도 30대 때의 힘을 되찾은 듯 주체할 수 없을 정도로 왕성해졌어요.

4. 총체적인 몸의 변화, 놀랍고도 신기한 체험

이지민 _충남 천안, 47세, 여

20년째 배드민턴을 취미로 삼아온 나는 그 격렬한 운동을 즐기는 대가로 다치기도 많이 다쳤습니다. 허리 수술을 3번이나 하고, 10년 전에 양쪽 아킬레스건 재건 수술을 하면서는 의사의 실수로 발가락의 일부 신경까지 묶인 나머지 감각이 떨어져서 여름에도 발가락이 시려서 밤잠을 못 잘 정도로 고통이 심했습니다.

그런 중에 예전 동업자였던 사장님을 오랜만에 보고는 깜짝 놀랐어요. 통통하니 비만에 가까웠던 분이 아주 날씬해지고 활기에 넘치는 겁니다. 딴사람이 된 거예요. 비결을 물었더니, 이 복합 성분 다이어트 제품을 알려주었습니다. 지금껏 안 해본 방법이 없을 만큼 숱한 다이어트를 하면서 살아온 나로서는 그저 차를 마시는 것만으로 다이어트가 된다는 사실에 감탄했습니다.

최근에 한 건강검진 결과도 안 좋은데다가 늘 피곤을 달고 살던 나는 '이거다' 싶어 열심히 섭취했습니다. 산 증인이 권유하는 것이니 의심할 것도 없었어요. 과연 섭취한 지 3개월 만에 몸무게가 10kg이나 빠지면서 내장지방 수치가 13에서 정상인 7까지 내려가고, 32%이던 체지방 비율이 23%까지 내려갔습니다. 또 숙면하게 되니 아침에 알람이 울리기도 전에 몸이 알아서 일어날 정도로 날아갈 듯 가벼워졌습니다.

환으로 된 제품을 섭취하면서 처음에는 허리에서부터 다리, 그리고 아킬레스건 있는 곳까지 잠을 못 잘 만큼 통증이 심했어요. 그런데 일주일쯤 지나자 언제 그랬냐는 듯이 통증이 말끔히 사라지면서, 잃었던 발가락의 감각까지 돌아왔습니다. 놀랍고 신기했어요.

5. 다이어트를 넘어 종합 건강 지킴이

허일 _인천 계양, 63세, 남

오른쪽 엄지발가락이 시커멓게 변할 정도로 무좀이 심했습니다. 피부과 의원에 가서 계속 치료를 받았지만, 좀처럼 낫지 않았어요. 그런데 가까운 지인의 권유로 이 복합 성분 건강제품을 섭취한 지 일주일이 지나자 발가락의 시커멓게 변한 부분이 차츰 엷어지기 시작하더니 2개월도 안 되어 완전히 사라졌습니다. 심하게 앓던 비염 역시 이비인후과 치료를 꾸준히 받아도 별 차도가 없더니 이 복합 성분 제품을 섭취하면서 거의 완치되더군요.

그뿐이 아니었어요. 탈모가 염려될 만큼 많이 빠지던 머리카락도 훨씬 덜 빠지게 되고, 남성으로서 기력도 왕성해졌습니다. 무엇보다 몸이 따듯해지는 것을 확연히 느끼며, 올겨울은 추위를 타지 않고 건강하게 보내리라는 걸 예감합니다.

6. 다시 찾은 행복

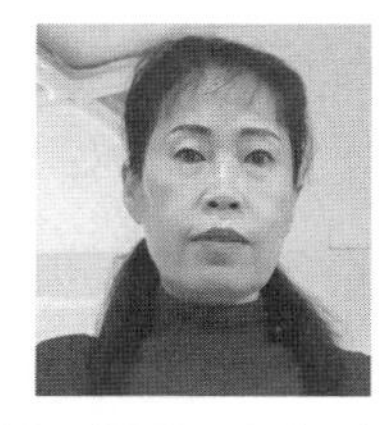

최순애 _서울 영등포, 52세, 여

최근 2년간에 살이 확 찐다 싶더니 체중이 8kg이나 늘더군요. 옷도 작아져서 못 입게 되는 등 불편한 점이 많았습니다. 무엇보다 건강이 걱정되더군요. 숨이 차서 계단을 오르기가 힘들어서 엘리베이터부터 찾는 등 몸이 점점 더 편한 것만 원했습니다.

그런데 지인의 권유로 이 복합 성분의 비만 개선 제품을 섭취하게 된 것은 행운이었어요. 몸의 독소부터 없앤다 생각하고 하루 3회 2포씩 꾸준히 마시면서 알약을 3일에 1개씩 곁들여 섭취했습니다. 62.9kg이던 몸무게가 10일 만에 7.6kg이 빠지더군요. 결국, 1개월 만에 10kg이 넘게 빠져 지금은 52.7kg의 몸무게를 유지하고 있습니다. 몸도 마음도 다시 가벼워져서 행복해요.

7. 종합병동인 내 몸에 일어난 기적

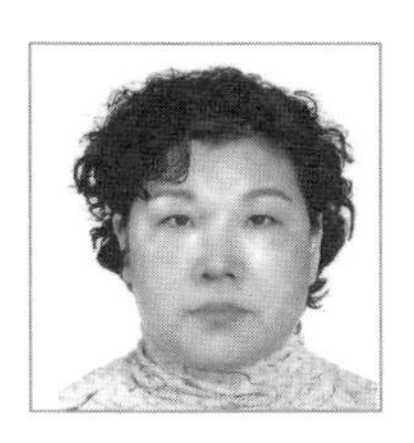

최순규 _경기 연천, 63세, 여

대장암으로 대장을 20cm나 잘라내는 수술, 이어서 쓸개 제거 수술, 간에 생긴 용종 제거 수술까지 큰 수술을 연이어 세 번이나 받았습니다. 게다가 갑상선과 자궁경부에 자라고 있는 혹 치료까지 내 몸은 바람 잘 날이 없게 되면서 그만 고도비만에 걸리고 말았어요. 자연히 우울증에 불면증까지, 그리고 고관절염에 수족냉증까지 와서 온 심신이 만신창이가 되었습니다.

이 몸을 낫겠다며 내로라하는 대학병원 연구 약품이며 좋다는 건강제품까지 다 구해 먹느라 족히 집 한 채 값은 날렸지만, 별 소용이 없었어요. 농약까지 숨겨두고 죽을 날만 기다렸습니다. 그런데 이 복합 성분 건강제품이 날 살렸어요.

사흘에 하나씩 알약과 함께 하루에 8봉씩 마시기 시작했는데, 4일이 지나자 몸무게가 빠지는 것이 확연히 느껴지고, 7일이 지나면서 우울증이 사라지기 시작했어요. 원수처럼 생각되던 자식들이 한없이 사랑스럽게 여겨지는 거예요. 애들을 껴안고 울면서 사과했어요. 그렇게 4개월이 지나자 몸무게가 15kg이나 빠지면서 다른 질병들도 덩달아 나아가더군요. 이 복합 성분 제품을 알기 전까지는 내 삶에 이런 행복한 날이 올 줄은 꿈에도 몰랐습니다.

8. 요요 현상은 이제 안녕!

조화순 _서울 광진, 58세, 여

평생 다이어트를 해왔지만, 애써서 빼놓으면 금세 도로 찌는 요요 현상 때문에 실패의 연속이었습니다. 그래서 결국 포기하고 살 수밖에 없었는데, 다행히도 이 복합 성분 다이어트 제품을 만나 11kg이나 빼고도 요요 현상이 없는 거예요. 이젠 자신 있게 말할 수 있어요. 요요 현상은 이제 안녕!

그런데 도랑 치고 가재 잡는다고 다이어트 성공에 수족냉증까지 사라졌습니다. 다른 사람이랑 악수하기도 꺼려질 만큼 손이 차가웠는데, 이젠 그런 염려까지 없어져서 행복해요.

9. 뒤늦게 깨달은 배설의 소중함

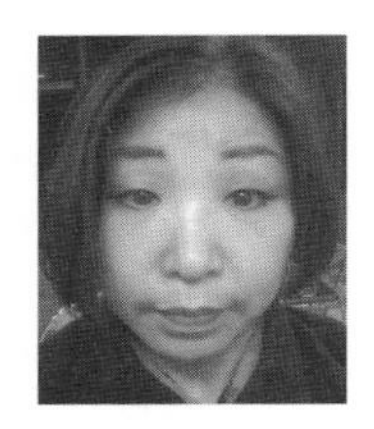

이진숙 _서울 관악, 57세, 여

신장이 안 좋아 몸에 독소가 쌓인 탓인지 거칠어진 피부에 기미가 끼고 손발이 붓는가 하면 살이 계속 쪘습니다. 다양한 다이어트도 별 소용없이 몸무게가 75kg까지 불었으니 심각했어요. 쉽게 피곤해지고 만사가 귀찮아지면서 몸 상태는 점점 더 나빠졌어요.

그런데 운 좋게 이 복합 성분 다이어트 제품을 권유받아 섭취한 지 한 달 만에 10kg이 빠지면서 심신이 날아갈 듯 가벼워졌습니다. 곧 예전의 날씬했던 모습을 찾을 것 같아요. 무엇보다 체온이 올라가고 배설이 원활해지면서 몸속의 독소가 빠져나간 것이 주효한 것 같습니다. 피부가 맑아지고 몸이 따듯해지면서 손발 저림증도 사라졌어요. 심지어는 손가락에 생긴 혹까지 없어져서 수술 걱정을 덜었어요. 날아갈 것 같은 이 기분, 이제 하루하루가 행복해요.

10. 문제는 체온, 해결도 체온

안선경 _경기 수원, 52세, 여

나이 먹어가면서 체중도 늘어났습니다. 키는 156cm로 자그마한데 살은 평소 체중에서 나도 모르게 10kg이 쪄서 65kg이나 나가게 되었지요. 건강 하나만큼은 자부해온 나는 어느 순간부터 침이 마르고 온몸이 건조해지면서 쉽게 피로해지는 거예요. 침이 마르니 말이 안 나와 강의를 하지 못할 지경이 되었습니다.

대학병원에 갔더니 자가면역 결핍에다 고지혈증, 저혈압 진단까지 나오더군요. 평소 잠을 잘 때 손발 저림증까지 있었어요. 이 모든 병이 체온이 저하되면서 비만과 함께 온 겁니다.

평생 다이어트라고는 해본 적이 없는 나는 이 복합 성분 제품을 다이어트 제품으로 알고 먹었는데, 다이어트는 물론이고 다른 증상들까지 한꺼번에 정상으로 회복되는 놀라운 체험을 하면서 얼마나 고마웠던지 눈물이 다 나더군요. 처음 소개받을 때는 긴가민가했는데, 직접 체험하고 나서는 누구에게든 자신 있게 권할 수 있게 되었답니다. "문제는 체온, 이 제품으로 해결하세요!"

11. 마치 회춘하는 기분

서일석 _경기 부천, 62세, 남

나는 물론이고 우리 가족 모두가 스포츠를 좋아하여 '스포츠 가족' 이라 불릴 만큼 건강하게 살아왔습니다. 나는 테니스와 등산이 취미인데, 한 번 산행을 하면 15~20km 정도는 거뜬하고, 테니스로 30대 젊은이와 몇 시간씩 겨뤄도 밀리지 않을 만큼 뛰어난 체력을 자랑하는데, 평생 병원 한 번 안 가봤을 만큼 건강에도 자신이 넘쳤지요.

혈압도 정상이었고, 당뇨나 혈관질환 같은 성인병 한 번 앓은 적이 없었으니까요. 게다가 건강식품 같은 걸 일부러 챙겨 먹지도 않았는데, 남성 기능은 젊은 시절 못지않게 여전히 왕성했습니다. 그러나 나이 들어가면서 이런 건강이 언제까지 유지될 수 있을지 나날이 불안감이 커졌습니다.

그런데 말이죠. 이 복합 성분 건강제품을 권유받아 섭취하면서 그런 불안감이 싹 가셨습니다. 몸도 한결 가벼워졌고요. 하체 종아리 근육 통증을 달고 살았는데, 그것도 싹 사라졌어요. 등산이나 테니스 경기를 해보면 전보다 확실히 호흡도 편해지고 운동량이 더 많아져도 몸이 지치지 않는 것을 느낍니다. 마치 회춘하는 기분이에요.

12. 아침이 즐거워지는 행복

김가영 _경기 부천, 60세, 여

신장이 좋지 않아 몸에 부종이 심했어요. 변비도 심했고요. 효험이 있다고 소문난 다양한 치료 방법을 처방해봤지만 별로 소용이 없던 차에 이 복합 성분 제품을 권유받고 섭취하기 시작했습니다. 환으로 지어진 제품을 안내에 따라 꾸준히 섭취했는데, 몸 여러 군데가 더 부대끼는 거예요. 처음에는 가벼운 두통이 있더니, 사흘 뒤부터는 허리와 골반 그리고 허벅지 통증이 몹시 심해져서 변기에 앉아 있을 수조차 없을 정도였습니다. 뭔가 잘못되어 간다는 생각도 들었지만, 틀림없이 호전반응일 것이라 믿고 꾸준히 섭취했더니, 과연 3주가 지나면서 언제 그랬냐는 듯 온몸의 통증이 싹 사라지는 겁니다. 당연히 변비도 없어지고요. 피로요? 몸이 상쾌해지자 이젠 아침이 즐거워졌습니다. 하루의 출발이 즐거우니 하루가 행복해지고, 그 덕분에 내 주위 사람들까지 행복으로 물드는 것 같아요.

13. 파킨슨병에서 살아나온 감격

조성곤 _경기 부천, 남, 62세

평소에 누구보다 건강하다고 자부해오던 나는 8년 전에 고속도로에서 운전 중 갑자기 정신을 잃고 난 후 깨어보니 병원이었습니다. 천우신조로 목숨을 건진 것입니다. 그러나 기쁨도 잠시, 듣도 보도 못한 파킨슨병에 걸렸다는 청천벽력 같은 진단을 받고 절망했습니다.

이후로 살아갈 의욕도 없어 의미 없이 시간만 흘려보냈습니다. 그러다가 이래서는 안 되겠다 싶어 집과 가게(원적외선 관련 사업)에다 운동기구를 설치하고 매일 꾸준하게 운동을 시작했습니다. 그렇게 나 자신과 싸워나간 거죠. 마비된 몸에 조금씩 움직임이 나타나기 시작하고, 어느 날부터 조금씩 걷게 되면서 희망이 생겼습니다.

바로 이 무렵, 지인의 권유로 이 복합 성분 건강식품을 섭취하기 시작했습니다. 섭취한 지 한 달 정도 지나면서 세상에 이런 일이 있을까 싶을 정도로 몸이 크게 회복되어 곧 정상적인 몸을 되찾을 수 있겠다는 희망에 부풀어 있습니다. 이 복합 성분 건강식품 덕분에 내 몸의 건강과 삶의 의미를 되찾아가는 요즘, 나는 너무 행복합니다.

14. 기적에 더해 보너스까지 탄 기분

한태연, 전북 진안, 61세, 남

나는 심한 안구건조증을 앓았습니다. 선크림이나 비비크림 같은 크림만 얼굴에 발라도 눈이 따가울 정도였어요. 안과 치료도 꾸준히 다녔지만, 좀 낫는가 싶다가도 다시 돌아가기를 반복하니 괴로웠습니다. 그러던 중에 지인의 권유로 이 복합 성분 건강식품을 환으로 된 제품과 함께 꾸준히 섭취했지요.

섭취한 지 한 달도 채 안 되어 눈에 거의 불편을 느끼지 못할 정도로 건조증이 완화되었습니다. 게다가 얼굴에 난 사마귀까지 거의 사라졌어요. 건조증에서 벗어난 것만도 기적 같은데, 보기 흉한 사마귀도 해결했으니 보너스까지 탄 기분입니다.

전국 지점 및 구매처

No	이름	지점명	주소
1	이현석	본사(대표)	경기도 과천시 관문로 106 푸르지오써밋
2	서일석	본사(고문)	경기도 부천시 원미구 부일로 617
3	김효종	마산	경남 창원시 의창구 도계동 하남천서길 23
4	심정화	마산	서울시 강남구 도곡동 903-1
5	양윤정	청주	청주시 서원구 분평로 88-1 분평주공 5단지
6	장순희	마산	경남 창원시 마산합포구 중앙동 2가
7	이윤경	부산연산	부산 동구 중앙대로 320번길 10
8	심주영	부산연제	부산 연제구 중앙대로 1120번길 27
9	이금호	부산연제	부산 연제구 중앙대로 1120번길 27
10	김성숙	부천	경기도 부천시 부일로 571번길 44
11	김영옥	부천	인천시 남동구 간석동 방축로 501
12	김영주	부천	경기도 부천시 삼작로 413
13	박선영	부천	경기도 부천시 삼작로 339번길 6
14	손미경	부천	경기도 부천시 까치로 124번길 55
15	김경자	분당	경기도 광주시 이배재로 179-13
16	김경자	분당	경기도 성남시 분당구 판교로 432
17	김경화	분당	서울시 송파구 올림픽로35길 104
19	김종례	분당	경기도 분당구 이매동 탄천로 95번지
19	안기옥	분당	경기도 하남시 위례대로6길 20
20	윤봉찬	분당	경기도 성남시 분당구 판교로 432
21	임상자	분당	서울시 송파구 올림픽로35길104
22	최기준	분당	경기도 성남시 분당구 판교로 432
23	최미경	분당	경기 성남시 분당구 탄천로 95
24	이주은	분당	공주시 금학동 우금티로 606
25	권병주	분당오포	경기도 용인시 처인구 모현읍 왕림로 48
26	금경미	분당오포	경기도 용인시 처인구 모현읍 왕림로 48
27	김미순	분당오포	경기도 용인시 처인구 모현읍 왕림로 48
28	김은순	분당오포	경기도 용인시 처인구 모현읍 왕림로 48
29	박순심	분당오포	경기도 용인시 처인구 모현읍 왕림로 48
30	채애란	분당오포	경기도 용인시 기흥구 마북로 210
31	최광심	분당오포	경기도 용인시 처인구 모현읍 왕림로 48
32	김대원	선릉	서울시 관악구 관악로 14길
33	김효심	선릉	부천시 부일로 202-1
34	박창남	선릉	강원도 춘천시 퇴계동

No	이름	지점명	주소
35	송희은	선릉	인천시 미추홀구 석정로 329번길
36	유계삼	선릉	경기도 안양시 만안구 경수대로 1430
37	윤영희	선릉	서울시 구로구 개봉로 11길
38	이진숙	선릉	서울시 관악구 청룡1길 43
39	정인선	선릉	경기도 부천시 부광로 42번길
40	조옥현	선릉	서울시 관악구 봉천동
41	최순애	영등포	서울시 영등포구 디지털로 38번길14
42	남춘희	수원	서울시 구로구 서해안로 2313
43	박차선(이종례)	수원	경기도 용인시 처인구 남사읍 덕천산로 41
44	신유범	수원	경기도 문사 문항로
45	안선경	수원	경기도 수원시 장안구 정자동 68-16
46	정양순	수원	경기도 오산시 독산선로 343
47	조광임	수원	경기도 수원시 팔달구 정조로 767
48	조화순	수원	서울시 광진구 구위동
49	허일	수원	인천시 계양구 새벌로 88
50	이영숙	연천	경기도 연천군 전곡읍 선사로 419
51	주혜숙	연천	경기도 연천군 전곡로 15
52	최순규	연천	경기도 연천군 전곡읍 전곡로 24
53	박금희	전주덕진	대전 대덕구 오정동 273-4
54	방연화	전주덕진	전북 전주시 덕진구 천마산로 115
55	방유리	전주덕진	전북 전주시 덕진구 안골2길15-8
56	안정희	전주덕진	전북 전주시 덕진구 한배미로 33
57	이찬호	전주덕진	부산 북구 백양대로 1111-1
58	전원호	전주덕진	전북 익산시 익산대로16길 39
59	정형진	전주덕진	전북 완주군 이서면 이서로 90-11
60	최순양	전주덕진	전북 전주시 완산구 삼천동 1가
61	서맹자	광주	광주광역시 서구 상무평화로 89
62	서현	광주	광주광역시 남구 수박등로 5번길
63	이미순	전주완산	전북 전주시 완산구 전룡로 112
64	이수정	광주	광주광역시 서구 상무평화로 89
65	최성범	전주완산	전북 전주시 완산구 인봉남로 59-17
66	한태연	전주완산	전북 진안군 진안읍 대성길 6
67	유진용	천안	충남 천안시 서북구 백석2길 12
68	유진후	천안	대전시 중구 선화동 185
69	이지민	천안	충남 천안시 서북구 한들3로 35-23
70	표정순	청주	충북 음성군 금왕읍 금일로 108
71	고명애	파주	경기도 고양시 일산동구 성석동 526-9

참고도서 및 언론자료

약보다 디톡스 조윤정 지음

디톡스, 내 몸을 살린다 김윤선 지음

반갑다 호전반응 정용준 지음

몸에 좋다는 영양제 송봉준 지음

자기 주도 건강관리법 송춘회 지음

독소의 습격, 해독 혁명 EBS〈해독, 몸의 복수〉 지음

비우고 낮추면 반드시 낫는다 전홍준 지음

자연의학 아유르베다 데이비드 프로롤리 수바슈라나데 지음/황지현 옮김

노화와 질병 레이 커즈와일 테리 그로스만 지음/정병선 옮김

효소는 살을 빼고 질병을 치유한다 신현재 지음

매일경제 헬스&라이프 2015년 11월 11일자 신문

국민건강보험공단 통권146호

다이어트 체온이 답이다

초판 1쇄 인쇄 2023년 01월 15일
2쇄 발행 2023년 01월 31일

지은이 이창우
발행인 이용길
발행처 MOABOOKS 모아북스

총괄 정윤상
디자인 이룸
관리 양성인
홍보 김선아

출판등록번호 제 10-1857호
등록일자 1999. 11. 15
등록된 곳 경기도 고양시 일산동구 호수로(백석동) 358-25 동문타워 2차 519호
대표 전화 0505-627-9784
팩스 031-902-5236
홈페이지 www.moabooks.com
이메일 moabooks@hanmail.net
ISBN 979-11-5849-202-1 03570

모아북스 건강도서 목록

자기 주도 건강관리법 서양의학은 병을 고치고 증상을 개선하는 치료에 집중한다. 병원과 의사가 주체가 되어 환자가 호소하는 이상증상을 완화하고 병의 원인을 수술, 약물, 화학물질로 제거하는 것이다. 의사에게 환자의 몸을 맡기고 약물에 의존하게 된다. 이런 의료과정의 반대편에 있는 것이 자연치유다. 자연치유란 '내 몸을 내가 지킨다' 는 과점에서 먹고 운동하고 생활함으로써 자연스럽게 몸 건강을 유지하는 자기 주도적인 건강관리법이다.

송춘희 지음 | 280쪽 | 값 16,000원

약보다 디톡스 질병의 일시적인 치료가 아니라 근본적인 치유를 위해서는 값비싼 약이나 증상 제거에만 치중하여 시간과 에너지를 소비해서는 안 된다는 점을 강조한다. 그동안 우리 몸에 쌓인 독소를 어떻게 내보내고 줄여나갈 것인지에 대해 생각해보고 생활 속에서 실천하려면 무엇을 해야 하는지에 대한 실용적 해법을 제시하고 있다.

조윤정 지음 | 136쪽 | 값 9,000원

반갑다 호전반응 통증은 몸의 위험을 알려주는 신호이자 질병을 치유하기 위해 반드시 거쳐야 할 관문이다. 무조건 없애야 하는 것이 아니라 받아들이고 다스려야 하는 대상인 것이다. 그중에서도 호전반응은 질병을 치유하는 과정에서 나타나는 통증이다. 그간 호전반응에 대해 잘 몰랐다면 그 숨겨진 놀라운 비밀들을 이 책에서 만나볼 수 있다.

정용준 지음 | 108쪽 | 값 7,000원

효소는 살을 빼고 질병을 치유한다 '효소박사'로 불리는 신현재 교수가 효소를 활용한 건강관리법을 주제로 효과적인 건강관리에 관한 이야기를 들려준다. 건강을 지켜주는 영양소인 효소의 개념과 작용원리를 자세하게 알려주며, 건강에 가장 도움이 되는 효소 섭취법을 설명하고 있다. 효소 먹는 법, 조리방법, 면역력과의 관계, 효소식품을 선택하는 법 등 일상에서 효소를 활용해 건강을 유지하는 비결을 알려주며 효소를 활용한 다이어트를 성공할 수 있도록 방법을 소개한다.

신현재 지음 | 120쪽 | 값 10,000원

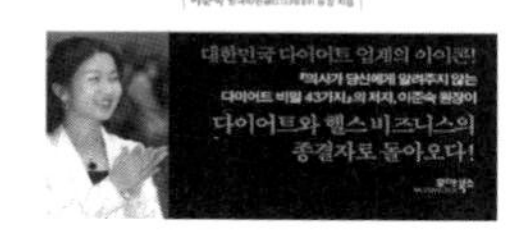

다이어트 정석은 잊어라 살을 빼기 위해서 적게 먹는 혹독한 다이어트로 인해 발생하는 문제점과 지금까지 다이어트가 실패 할 수밖에 없었던 원인을 밝힌다. 이 책은 해독 요법만큼 원천적이고 훌륭한 다이어트가 없다는 점을 강조하는 동시에, 균형 잡힌 식습관을 위해서는 일상 속에서 무엇을 섭취해야 하는지를 상세하게 설명하고 있다.

이준숙 지음 | 152쪽 | 값 7,500원

공복과 절식 최근 식이요법과 비만에 대한 잘못된 지식이 다양한 위험을 불러오고 있다. 이 책은 최근 유행의 바람을 몰고 온 1일 1식과 1일 2식, 1일 5식을 상세히 살펴보는 동시에 식사요법을 하기 전에 반드시 알아야 할 위험성과 원칙들을 소개하고 있다

양우원 지음 | 274쪽 | 값 14,000원